KB096874

과학을 보다
BODA

김범준, 서균렬, 우주먼지(지웅배) 그리고 정영진 지음 김지원 그림

알파미디어

과학에서 새로운 발견을 알리는
가장 신나는 표현은
'유레카!(찾았다!)'가 아니라
'그거 재미있네'이다.

-아이작 아시모프

과학으로 보는 신기한 세상

2023년 4월 5일이었다. 내 생일이기도 한 바로 그날, 정영진 님이 MC를 맡고, 서균렬 교수님, 우주먼지 지웅배 님과 함께 출연하는 〈과학을 보다〉 첫 유튜브 촬영이 있었다. 과학자 3명이 모여 MC와 함께 마음껏 수다를 떠는 편한 방식의 프로그램이라는 설명에 흔쾌히 출연을 수락했다. 주거니 받거니 잡담과 토론을 하면서 과학의 흥미롭고 생생한 모습을 보여줄 기회라는 생각이 들었다. 얼마든지 과학도 재미있는 수다 거리가 될 수 있다. 같은 해 2월 스튜디오에서 나 혼자 녹화한 콘텐츠를 아주 멋진 솜씨로 다듬어준 〈보다〉의 실력에 감탄했던 것도 내가 〈과학을 보다〉에 함께하게 된 계기다. 제작진은 개떡 같은 내 말을 찰떡 같은 동영상으로 바꿔낸 넘사벽 능력자들이다.

사람들은 과학을 어려워하지만, 과학자는 과학을 정말 재밌어한다. 둘 사이의 먼 거리를 어떻게든 좁히고자 노력하는 사람들이 있다. 대중을 위한 멋진 과학 강연과 언론에 기고하는 시기적절한 과학 칼럼, 그리고 과학을 쉽게 설명하는 과학책이 대중과 과학을 소통하는 전통적인 방법이다. 직접 만나 이야기를 전하는 강연은 참가자 수에 제한이 있을 수밖에 없고, 글의 형태로 전달되는 과학은 아무래도 점점 더 사람들의 관심을 끌기 어려워지는 시대다. 지금까지 〈과학을 보다〉와 함께한 반년의 경험은 정말 놀랍다. 이 글을 쓰는 시점, 유튜브에 공개된 〈과학을 보다〉 28개 콘텐츠 중, 100만 명 이상이 시청한 영상이 절반을 넘고 무려 300만 이상이 시청한 영상도 있다. 과학을 세상에 전하는 방식으로서, 부담 없이 재밌게 볼 수 있는 온라인 동영상이 가진 놀라운 힘을 증명한다.

과학은 전문 과학자들이 축적한 지식의 총합이라기보다는 함께 앎을 추구하는 합리적인 사고의 방식이다. 일단 과학의 눈으로 세상을 보기 시작하면 일상의 익숙한 경험도 신기하고 흥미롭게 느껴질 때가 많다. 빠르게 발전하는 과학계에서 매일같이 세상에 발표되는 새로운 연구 소식도 일단 과학의 눈에 익숙해지면 얼마든지 즐길 수 있다. 수식이 가득한 전공 과학책을 공부해야 과학의 눈을 가질 수 있는 것이 아니다. 과학자들이 어떻게 열린 마음으로 토론을 거쳐 함께 동의할 수 있는 결론에 도달하는지, 그 과정을 가까이서 바라보는 것도 과학을 친근하게 만드는 방법이다.

〈과학을 보다〉에서 다뤄진 내용을 이제 책으로 엮어 세상에 내민다. 유튜브 영상은 아무래도 큰 틀만 정해놓고 즉흥적으로 진행하는 형식이다 보니, 꼭 필요한 설명을 하지 못하거나 정확하지 않은 표현이 등장하기도 한다. 더구나 촬영이 끝난 후 시청자가 정말 흥미로워했을 만한 내용을 소개하지 못해 아쉬움이 클 때도 많다. 미처 영상으로는 담아내지 못했던 많은 부분을 채워서 이 책을 완성했다. 활자 매체인 책은 영상과는 또 다른 매력으로 독자의 집중력을 끌어내며 과학에 관한 호기심을 채워줄 것이다. 특히 적재적소에 배치된 친절한 삽화는 영상보다 더 직관적이고 쉽게 독자의 이해와 흥미를 돋우리라 기대한다.

어지러운 말을 정돈된 글로 멋지게 정리해준 출판사 편집부, 늘 의미 있고 위트 가득한 질문과 얘기를 들려주는 MC 정영진 님, 함께 출연한 훌륭한 과학자들, 멋진 구성안에서 시작해 기가 막힌 동영상으로 완성해주는 〈과학을 보다〉 제작진께 깊이 감사드린다. 세상을 바라보는 과학의 시선에 관심 가져준 많은 시청자분과 이 책의 독자분들께 깊은 고마움을 전한다. 〈과학을 보다〉와 함께 과학으로 세상을 보는 즐거운 여정에 앞으로도 많은 분들이 함께할 수 있기를 바란다.

2023년 10월
김범준

CONTENTS

PART 2. 과학으로 보는 세상만사

PART 3. 그것이 알고 싶다! 원자력과 핵폭탄

PART 4. 과학자의 머릿속이 궁금하다

PART

1

신비한 우주의
수수께끼

① 우주는 얼마나 클까?

우주는 무한하다고 하는데 사실 끝이 없는 공간이라는 개념이 잘 이해가 가지 않습니다. 우주의 전체 크기가 어떻게 되나요?

안타깝게도 아직 우주의 끝을 확인할 수 있는 기술은 존재하지 않습니다. 하지만 현재까지의 연구 결과를 보면 우주는 무한할 것 같습니다. 지구라는 한정된 공간에서 평생을 살아가는 인간에게는 '끝이 없는 공간'이라는 개념이 직관적으로 이해하기 힘들 수 있습니다. 지구상에서는 한 방향으로 계속해서 가다 보면 모든 공간의 끝이 나오는 게 당연하니까요.

우주 공간에는 인간의 단위로는 측량하기 힘들 정도로 많은 물질이 있고 우주 공간 자체는 빛보다 빠른 속도로 지금도 팽창하고 있습니다. 공간을 통과하는 물체는 빛의 속도를 넘어설 수 없지만 공간 자체의 팽창에는 이런 제한이 적용되지 않거든요.

우주에는 많은 물질이 존재하고 각 물질 상호 간에 작용하는 중력은 우주 공간을 수축시키면서 팽창을 더디게 하는 힘으로 작용하죠. 한편 우주의 팽창 속도는 말 그대로 우주 공간 자체를 키우는 힘입니다. 그런데 이 2개의 힘이 만나는 지점이 너무나도 절묘하게 맞아떨어져 모든 방향에서 균일하게 우주를 팽창시키고 있습니다.

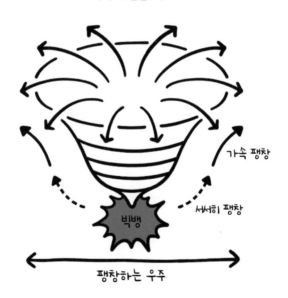

우주의 팽창 속도

왜 하필 이렇게 우주가 완벽히 평탄하게 팽창하고 있을까요? '평탄하다'는 의미는 지구에서 우주를 보건 저 멀리 떨어진 다른 곳에서 우주를 보건 다 똑같은 모습으로 보인다는 이야기거든요. 그래서 아무리 우리가 더 멀리 가더라도 똑같은 우주가 있고 또 더 멀리 가더라도 다시 똑같은 우주가 나오는 식이기 때문에 지금 우주의 밀도를 보면 우주는 평탄하고 끝이 나오지 않는 무한한 세계라고 보는 것이 수학적으로는 타당합니다. 한마디로 우주의 크기를 인간이 측량할 수 없다는 말이죠.

물리학에서도 '우주의 크기'라는 개념을 다루긴 합니다. 철학적인 정의일 수도 있지만요, 우주를 '서로 영향을 주고받을 수 있는 모든 것의 집합'이라고 정의합니다. 그렇게 생각하면 아마도 우주는 무한할 가능성이 크지만, 우리로부터 수백억 광년 이상 떨어진 머나먼 곳에서 무슨 일이 벌어지든 우주의 나이 안에서 우리에게 정보가 전달되지는 못합니다. 빛의 속도를 고려해서 우리에게 영향을 미칠 수 있는 우주를 '관측 가능한 우주'라고 부릅니다.

시간이 지나면 더 멀리 있는 우주에서 출발한 빛도 우리에게 올 수 있겠죠. 그래서 관측 가능한 우주는 앞으로 100억 년이 더 흐르면 당연히 더 커지겠죠. 지금은 관측 가능한 우주가 460억 광년 정도의 반지름을 갖습니다. 다시 말하면 현재 460억 광년 거리에 있는 우주는 관측이 가능합니다.

현재 우주의 나이는 138억 년,
관측 가능한 우주의 크기는 465억 광년?

많은 분이 착각하며 묻는 질문이 하나 있습니다. 바로 "우주의 나이가 138억 살인데, 어떻게 관측 가능한 우주의 최대 반경이 138억 광년이 아니라 460억 광년인가요?"라는 질문입니다. 그 이유는, 만약 우주가 팽창하지 않고 딱 지금 크기 그대로 138억 년 전에 뿅 하고 만들어졌다면 관측 가능한 우주는 138억 광년이 맞아요. 하지만 우주는 빅뱅 직후의 짧은 순간 급가속 팽창했고 지금도 빛의 속도보다 빠르게 팽창하고 있죠.

예를 들어볼게요. 제 몸이 지구고 제 주먹이 먼 은하라고 합시다. 과거엔 가까웠습니다. 그런데 다음 그림에서처럼 멀어지고 있죠. 제 주먹 은하를 떠난 빛은 그 중간의 공간을 날아오고 있습니다. 그러는 사이에도 주먹은 계속 멀어지고 있습니다. 그러면 빛이 도달할 때쯤에 내가 보고 있는 이 빛을 보낸 은하는 어디에 있을까를 생각해보면 원래 거리보다 더 먼 곳에 있을 수밖에 없는 거죠. 그래서 실제 관측 가능한 우주의 규모는 460억 광년 정도의 거리까지 늘어나게 됩니다. 이는 실제로 최근에 쏘아 올린 제임스 웹 우주망원경JWST*을 통해서도 검증되고 있는 사실입니다.

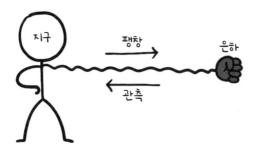

---

* 제임스 웹 우주망원경은 나사(NASA)의 새로운 관측 도구로, 허블 우주망원경보다 반사경의 크기는 더 커지고 무게는 더 가벼워진 한 단계 더 발전된 우주망원경이다. 적외선 천문 관측을 주요 목적으로 한다. 2021년 12월에 나사에서 발사해 최종 목적지에 설치 완료해 가동 중이며, 2022년 7월 제임스 웹 우주망원경이 찍은 경이로운 우주 사진을 공개한 적이 있다.

② 우주가 계속 팽창해도 우리 태양계는 안전할까?

우주가 팽창하고 있다는 건 부정할 수 없는 사실인 게 맞네요. 그럼 지구와 태양의 거리도 계속해서 멀어지고 있습니까?

아, 정말 좋은 질문이네요. 우주가 자꾸 커지고 있다고 하니까 태양과 지구의 거리 역시 멀어지다가 어느 시점에 갑자기 이별해서 인류가 멸망하면 어쩌나 걱정이 될 수도 있겠습니다. 종종 우주 팽창 관련한 다큐멘터리나 영화를 보면 멀어지는 속도가 엄청 빠르다고 생각할 수 있는데요. 사실 그렇지는 않습니다.

실제 우주 팽창의 속도는 거리에 비례해서 빨라질 뿐입니다. 제가 강연 때 흔히 사용하는 장난감으로 한번 설명해볼게요. 기다란 고무줄과 풍선 3개를 준비합니다. 자, 아래 그림처럼 기다 란 고무줄에 풍선을 은하라고 치고 은하 3개를 일정한 간격으로 매답니다. 이때 고무줄은 우주 공간이라고 생각하면 됩니다. 그리고 오른쪽 끝에 매달린 은하에 제가 살고 있다고 해볼게요. 고무줄을 당겨보세요. 그러니까 우주 공간이 팽창할 때 왼쪽의 두 은하가 멀어지는 속도를 관측해봅니다.

가까운 은하와 비교적 먼 은하가 멀어지는 속도는 어떻게 될 까요? 원래 멀리 있던 은하가 더 빠르게 멀어집니다. 실제로 관측한 결과를 보면, 은하가 놓여 있는 거리에 비례해서 멀어지는 속도가 빨라지거든요. 이 고무줄이 늘어나는 것처럼 우리가 사는 우주 자체가 통째로 균일하게 팽창하고 있고, 멀리 도망가는 속도 역시 거리에 비례해서 빨라질 뿐인 거예요.

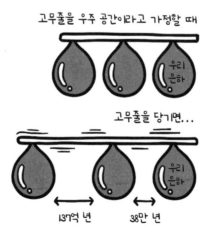

우주 팽창률을 실제로 계산해보면 '허블 변수$^{Hubble\ Parameter}$'라고 해서 그 값을 알 수 있는데, 주어진 거리 대비 해당 장소가 얼마나 빠르게 멀어지고 있는가를 알려줍니다. 여기서 사용하는 단위가 거리 대비 속도이다 보니까 우리가 아는 우주 팽창률의 속도가 70km/s/Mpc, 즉 지구에서 1메가파섹(Mpc, 326만 광년) 멀어질 때마다 초당 70km씩 더 빠르게 팽창한다고 알려져 있습니다. 우리 지구에서 300만 광년은 떨어져 있어야, 그 지점의 멀어지는 가속도가 겨우 70km/s^{2}로 관측된다는 거죠. 그래서 태양계는 말할 것도 없고, 250만 광년 떨어진 안드로메다라고 하더라도 우주를 팽창시키는 힘의 물살보다 서로 가까이 인접한 두 천체가 주고받는 인력이나 중력의 효과가 더 강력합니다.

마지막으로 단순하게 비유해서 설명해볼게요. 양쪽으로 팔을 벌린 후 오른손 손가락들이 모여 있는 것이 은하 5개라고 해요. 왼손 손가락들이 또 자기들끼리 모인 게 은하 5개라고 해봅시다. 이쪽 은하단과 반대쪽 은하단은 멀어요. 은하단과 은하단의 거리는 멀고 은하단 내부 은하끼리의 거리는 가깝습니다. 그러면 우주가 진화하면서 나타나는 양상은 어떻게 될까요? 가까운 애들끼리는 중력이 압도적으로 강하니까 서로 모이겠죠. 반면에 은하단과 은하단은 거리가 머니까 훨씬 빠른 팽창 속도로 멀어질 거예요. 그래서 우주는 국지적으로는 모이고, 거시적으로는 팽창하는 형식으로 진화해갈 겁니다.

당연히 태양계는 무사합니다. 태양이 잡아당기는 중력이 고스란히 지구가 도는 힘으로 쓰여서 균형을 이루고 있으니까요. 그래서 태양계의 행성들은 앞으로도 오랫동안 예쁘게 궤도를 돌고 있을 겁니다. 우주 팽창은 은하단을 벗어나는 정도의 규모를 놓고 이야기해야 유의미해집니다. 사실 우리 은하와 안드로메다까지의 거리도 우주 전체를 놓고 보면 정말 보잘것없거든요.

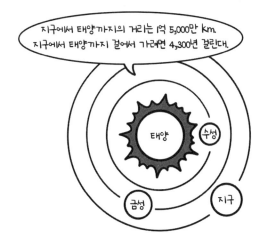

③ 우주인은 몇 명이나 될까?

우주는 인류에게 늘 미지의 공간입니다. 우리는 우주 공간에 실제 가본 사람을 '우주인'이라고 부릅니다. 하지만 실제 우주인은 손가락에 꼽을 정도겠지요?

손가락과 발가락을 모두 합쳐도 우주인을 다 세기에는 어림없겠네요. 2021년에 우주 공간을 다녀온 사람은 600명을 돌파했고 2023년 6월에는 650명을 넘어섰으니까요. 그리고 일반인을 대상으로 우주여행 관광 상품을 판매하려고 시도하는 회사가 여럿 있으니 앞으로 우주를 다녀온 사람들의 숫자는 기하급수적으로 증가할 가능성이 큽니다.

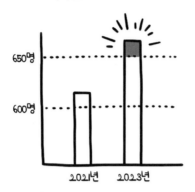

우주를 다녀온 사람의 수

인류 역사상 최초로 우주 공간을 다녀온 사람은 유리 가가린 Yuri Gagarin이에요. 그는 1961년 4월 12일 소련의 우주선 보스토크 1호를 타고 지구의 대기권을 벗어난 뒤 "우주는 어둡지만 지구는 푸르다"라는 말을 남겼습니다. 우주에서 바라볼 때 지구가 푸른색이라는 것을 자기 눈으로 직접 확인한 최초의 인간이 된 것이죠.

유리 가가린은 157cm의 키와 70kg의 몸무게로 캡슐형 우주선의 좁은 공간에 딱 적합한 체형이었어요. 그리고 5.2L의 폐활량과 64bpm의 맥박, 110/70의 혈압을 가진 우수한 신체 조건으로 3000 대 1이라는 어마어마한 선발 경쟁을 통과하여 우주비행사가 되었습니다.

당시 기술력으로 우주여행이 얼마나 위험한 시도인지 잘 알

왔던 소련 당국은 그가 사망할 확률이 높다고 생각해 무려 상위 보직에서 소령으로 2계급 특진을 시켜 우주선에 태웠어요. 다행히도 가가린은 무사히 귀환했고 소련의 영웅이 되어 대령까지 초고속으로 승진했습니다.

우주는 어둡지만 지구는 푸르군요.

유리 가가린

1969년 7월 20일 인류 최초로 달 표면을 밟은 미국의 닐 암스트롱Neil Armstrong 역시 역사의 한 페이지를 장식한 우주인이에요. 그는 한국전쟁에서 전투기 조종사로 비밀작전을 수행하다가 북한군에게 격추당해 죽을 뻔한 고비를 넘긴 적이 있는 참전 용사이기도 합니다.

사실 밤하늘의 까마득한 곳에 떠 있는 달에 인간이 실제로 갔다는 사실을 믿기는 쉽지 않습니다. 그래서인지 아폴로 11호의 달 착륙은 소련과의 우주 경쟁에서 패배했다는 사실을 인정하기 싫은 미국의 연극일 뿐이라고 음모론을 주장하는 사람들도 있어요. 하지만 닐 암스트롱 말고도 달 표면을 밟고 돌아온 우주인은 11명이나 더 있으니 믿지 않을 수 없겠죠. 모두 미국의 아폴로 계획에 따라 달을 탐사하고 돌아온 우주인들입니다.

우리나라 최초의 우주인은 이소연 박사예요. 우주에서 임무를 수행한 여성으로서는 49번째 우주인이죠. 2008년 러시아 우주선 소유즈호에 탑승해 지구 궤도를 돌았습니다.

소유즈호가 지구 궤도를 도는 모습

④ 우주로 올라간 동물은 어떻게 됐을까?

우주에 사람이 가는 건 굉장히 위험한 일이니까 먼저 여러 실험을 했을 것 같은데요. 어떤 실험들을 거쳤을까요?

저는 '실험'이라는 키워드가 사실 낯섭니다. 천문학은 태생부터 실험하기 어려운 과학 분야거든요. 손에 잡히는 무언가를 인위적으로 조작하는 것은 천문학의 본질이 아니어서 생물체를 갖다 놓건 돌멩이를 갖다 놓건 무언가를 실험 대상으로 할 만한 것이 있는 다양한 다른 분야와 비교했을 때 천문학은 굉장히 수동적인 학문입니다. 천문학자들도 마음 같아서는 "야, 날씨도 좋은데 우리 별이나 만들어볼까." 이러면서 막 별도 만들고, 숟가락으로 퍼서 별을 녹여도 보고 정말 별짓 다 하고 싶죠.(하하) 그런데 안타깝게도 별은 머나먼 곳에 있고, 너무 거대하니까 우리가 괴롭힐 수 있는 존재가 아니에요. 우리가 할 수 있는 일은 지구에 앉아서 우주를 관측하는 수밖에 없죠.

그나마 우주 개척의 역사와 관련해 실험이라고 할 만한 것이 있는데요. 인간이 직접 안전하게 우주에 갈 수 있는지를 확인하기 위해 먼저 동물을 이용해 생체 반응을 확인한 시도입니다. 사실 우주선이 개발되기 전부터 열기구를 이용한 동물 실험은 있었습니다. 열기구에 닭이나 염소 등을 태워서 올려 보낸 뒤 살아서 돌아오는지 확인하기도 했습니다.

알다시피 소련에서 스푸트니크호를 쏘아 올린 다음 두 번째 위성을 쏠 때 강아지를 태워서 보냅니다. 이게 역사상 처음으로 기록된 우주 동물 실험일 텐데, 먼저 소련 과학자들은 떠돌이 강아지들을 찾았습니다. 집에서 키우는 반려견보다 떠돌이 강아지들의 생명력이 더 강하고, 그래서 우주 공간에서 잘 버티리라 생각한 겁니다. 우리가 알고 있는 '라이카'라는 강아지도 그중 한 마리입니다. 〈보다 BODA〉 채널에서 만들어준 옷에도 늠름한 라이카의 모습이 그려져 있는데요. 안타깝게도 라이카는 우주에 올라간 지 7시간 만에 죽고 말았습니다.

당시 미국과 소련의 관계는 갈등과 긴장, 경쟁 상태가 이어지던, 이른바 냉전 시대여서 소련은 놀랍게도 라이카가 살아 돌아왔다고 거짓말을 했습니다. 실제 라이카는 발사 과정에서 발생한 너무 강한 소음과 진동, 가속도를 견디지 못해 죽었습니다. 더 슬픈 사실은 애초부터 소련은 이 강아지가 살아 돌아오리란 기대가 크게 없었습니다. 그때는 귀환 자체가 불가능했기 때문에 애초부터 강아지를 안락사시키려고 독이 든 먹이를 같이 보냈거든요. 일정 시간을 넘겨 살아 있다면 자리에서 내려와 독이 든 먹이를 먹을 수 있게 해놓았던 것 같습니다.

라이카

제가 알기로는 라이카가 처음으로 우주까지 간 동물 친구이고, 그 뒤로 다른 많은 동물이 우주로 올라갔습니다. 저는 개인적으로 고양이를 키우는 집사인데, 우주 고양이도 탄생했습니다. 프랑스에서도 소련과 마찬가지로 '길냥이'를 데려와서 훈련을 시켜 우주로 보냈습니다. 다행히도 이 고양이는 무사히 귀환했습니다. 당시 인기를 끌었던 『검은 고양이 펠릭스』라는 만화의 캐릭터를 본떠 펠릭스의 여성형 '펠리세트Félicette'라는 이름까지 얻었죠. 하지만 지구로 돌아온 이후에도 너무 많은 실험의 대상이 되는 바람에 스트레스를 받아 힘들어하다가 나중에는 안락사되었습니다.

펠릭스

또 하나 생각나는 유명한 우주 동물이 있어요. 우주 동물 하면 아마도 가장 먼저 떠올릴 동물이기도 한데요. 바로 침팬지입니다. 이번에는 미국에서 침팬지를 우주로 보냈습니다. 누가 먼저 유인 우주선을 쏘아 올리는가, 하는 소련과의 경쟁을 위해 미국

이 추진했던 머큐리 계획Project Mercury에서 침팬지를 먼저 우주선
에 태워 보낸 것이죠.

'샘'이란 이름의 되게 귀여운 침팬지인데요. 당시 어떤 실험을
했냐 하면 우주 캡슐 안에서 눈앞에 있는 조명에 불이 들어오면
레버를 당기는 훈련을 합니다. 지상에서 훈련할 때와 같은 상황
을 주고 레버를 당기지 않으면 전기 자극을 줘요. 반대로 제대로
레버를 당기면 바나나를 줍니다. 이런 식으로 보상과 체벌을 써
서 침팬지를 실험하여 생명체가 우주 공간에 노출되었을 때 인
지 능력이 잘 유지되는지, 뇌가 정상적으로 활동하는지를 테스
트한 겁니다. 샘 역시 무사히 돌아왔고, 펠리체트와 달리 행복하
게 잘 살았습니다.

인간은 이렇게 동물을 이용해 우주 개척을 위한 데이터들을
축적했습니다. 특히나 옛날에는 지금과 비교해서 동물의 생명
과 관련한 윤리의식이 약했던 시대여서 계속해서 강아지며 고
양이, 심지어 장어 같은 어류까지 정말 온갖 동물을 실험에 동원
했습니다.

그중 흥미롭다고 생각하는 또다른 동물 실험 중 하나로 거북
이가 있습니다. 이번에는 미국과 소련이 누가 먼저 달에 갈 것
인가를 두고 경쟁을 벌일 때 일입니다. 소련에서 거북이를 태워
달 궤도까지 보냈습니다. 믿기지 않겠지만, 실제로 인간보다 먼
저 달 궤도를 돈 거북이가 있습니다. 사실 우주여행과 느낌적으

로 가장 거리가 먼 동물을 꼽으라면 그중 거북이가 빠지지 않을 것 같은데요. 거북이는 평생 지구가 평평한 이차원 평면인 줄 알고 살았을 텐데, 우주선 창밖에 떠 있는 푸른 구슬 모양의 지구를 보고 과연 무슨 생각을 했을까요?

⑤ 어디서부터 우주 공간이라 할 수 있을까?

듣다 보니 얼마나 높은 곳부터 우주 공간인지 궁금해지네요. 어디서부터가 지구를 벗어난 우주입니까?

재미있는 질문인데요. 엄밀히 따지자면 지금 우리가 앉아 있는 공간도 우주에 포함됩니다. 그래서 더 이해하기 쉬운 질문으로 바꿔보겠습니다. 어느 정도 고도에 올라가면 비행기가 아니라 우주선이 될까요? 이걸 알아야 우리가 만드는 비행체가 항공기인지 우주선인지 규정할 수가 있으니까요.

이 문제와 관련해 과거에 치열한 논쟁이 벌어진 적이 있습니다. 왜냐하면, 지구의 대기권은 정확하게 구분되는 경계면이 있는 것이 아니라 차츰차츰 대기의 밀도가 옅어질 뿐이니까요. 그래서 이 밀도의 변화에 따라 고도를 정해야 한다는 의견도 있었습니다. 현재 우리가 사용하는 대표적인 기준은 고도 100km 경계선인 '카르만 라인Karman Line'입니다. 그런데 왜 하필 100km로 정했을까요? 그 이유가 일반인에게는 의외라고 여겨질 수 있는데요, 그냥 100이 딱 떨어지는 편한 숫자라는 것이 이유였기 때문입니다.

지구와 우주의 경계, 카르만 라인

시어도어 폰 카르만Theodore von Karman은 항공공학 및 우주 비행 분야에서 활발히 활동한 엔지니어이자 물리학자입니다. 그는 지구의 대기 밀도가 충분히 희박해져서 추가적인 에너지를 소모하지 않고도 물체의 관성만으로 궤도를 유지할 수 있다면 지구의 경계를 벗어난 것으로 생각했습니다. 그러니까 항공기가 날 수 있도록 돕는 양력揚力의 상한선을 넘어서는 곳이 우주라고 본 거죠. 대기권 밖에서는 양력이 존재하지 않으니까요. 세계의 과학자들은 선택 가능한 여러 가지 숫자의 높이 중에서 100km를 선택하고 '카르만 라인'이라고 이름 붙였습니다. 국제항공연

우주

조녀선 맥도웰이 주장한
카르만 라인

80km

맹FAI 역시 이런 의견을 받아들여 평균 해수면으로부터 고도 100km를 지구의 경계라고 정의하고 있습니다. 이렇게 깔끔하게 딱 떨어지는 숫자를 설정하면 물체가 우주로 넘어가는 시점을 구분하기가 쉬워지고 다양한 실험과 애플리케이션에서 편리하게 사용할 수 있기 때문입니다. 그러니까 사용하기 쉽다는 이유로 선택한 높이인 거죠.

그런데 2018년 미국 하버드대학 천체물리학과 조녀선 맥도웰Jonathan McDowell 교수는 카르만 라인을 80km로 재설정해야 한다는 논문을 발표했습니다. 그가 4만 개가 넘는 인공위성의 높이를 분석한 결과, 최소 고도 70~90km 사이에서도 안정적인 궤도를 유지한다는 것을 밝혀냈기 때문이에요. 실제 미 공군과 나사NASA는 80km보다 높이 오른 비행사에게 우주비행사라는 호칭을 부여하고 있습니다.

카르만 라인과 관련된 재미난 이야기가 또 있습니다. 괴짜 억만장자로 유명한 리처드 브랜슨Richard Branson의 우주여행업체 버

진갤럭틱Virgin Galactic은 항공기를 이용해 우주여행을 시도하기 때문에 80km 이상 고도에 이르면 우주라고 주장하죠. 그 높이면 실제로 지구의 둥그런 곡선과 무중력 상태를 체험할 수 있긴 합니다.

하지만 아마존 창업자 제프 베이조스Jeff Bezos가 세운 우주 기업 블루오리진Blue Origin은 100km는 넘어가야 진짜 우주여행이라고 강조하죠. 제프 베이조스가 직접 블루오리진의 로켓을 타고 100km 이상에서 11분간 우주여행을 다녀오기도 했습니다.

그런데 최강자는 따로 있어요. 일론 머스크Elon Musk의 우주 기업 스페이스X는 민간인 4명을 태우고 고도 500km 이상에서 사흘간 하루에 지구를 15바퀴씩 돈 뒤 무사히 돌아왔습니다.

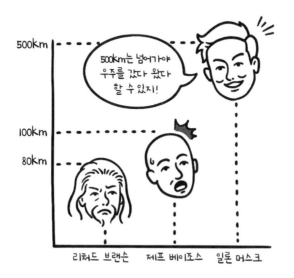

⑥ 왜 발사 73초 만에 우주왕복선이 폭발했을까?

길이를 재는 단위로 미터meter가 아니라 마일mile을 사용했다면 100이라는 숫자 때문에 지구의 경계가 훨씬 늘어났겠군요.

길이를 재는 단위인 미터는 18세기 후반에 프랑스에서 정한 이래 지금은 대부분의 나라에서 표준으로 자리 잡았습니다. 하지만 미국은 유독 마일을 기본 단위로 사용하는데요. 만약 마일을 단위로 이용해서 100마일을 지구 경계로 정했다면, 1마일이 1.609344km이니까 160km 이상 올라가야 지구를 벗어났다고 인정받을 수 있었겠네요.

하지만 거의 세계 모든 국가가 미터법을 내용으로 하는 SI 단위계를 사용하고 있습니다. SI는 프랑스어 'Le Systéme

International d'Unités'의 줄임말입니다. 단위에 관한 국제 표준이라는 뜻이죠. 1960년 프랑스 파리에서 열린 제11차 국제도량형총회에서 길이는 미터^m, 시간은 초^s, 질량은 킬로그램^{kg}, 전류는 암페어^A, 온도는 켈빈^K, 물질의 양은 몰^{mol}, 광도는 칸델라^{cd}를 국제적인 표준 단위로 쓰기로 합의했죠. 예외적으로 미국을 포함한 두세 나라만 이를 채택하지 않고 있습니다. 하지만 미국 역시 일상생활이 아닌 과학 분야에서는 일반적으로 SI 단위계를 사용합니다.

미국은 국제 표준을 전면적으로 받아들이지 않아 여러 가지 불행한 사고를 겪기도 했습니다. 1999년 나사가 발사한 화성 탐사선인 화성 기후 궤도선$^{Mars\ Climate\ Orbiter}$이 궤도에 안착하지 못하고 폭발하는 일이 있었습니다. 그 원인을 찾아봤더니, 미터법을 사용한 나사와 다르게 탐사선 제작업체인 록히드마틴사가 야드파운드법을 사용했기 때문으로 밝혀졌습니다. 나사가 무려 6억 달러의 예산과 3년이라는 긴 시간을 투자한 우주 프로젝트가 그런 어이없는 실수로 물거품이 되어버린 거죠.

또한 미국 국경 부근의 도로에서는 다른 나라에서 온 운전자들이 속도제한 표지판에 적힌 단위를 오해하여 사고가 빈번히 발생합니다. 그런데도 왜 전 세계에서 표준으로 사용하는 SI 단위계로 바꾸지 않을까요? 아마도 생활 깊숙이 뿌리내린 야드파운드법을 바꾸는 데 들어가는 막대한 비용과 현실적 어려움뿐만 아니라 세계 최강국이라는 미국의 오만함도 한몫하는 것 같습니다.

속도제한 표지판

SPEED LIMIT 55

미국에서 이 표지판을 만났다면 55km/h가 아니라 55mile/h라는 점을 명심!

단위를 혼동해서 일어난 사건과 관련해 무려 7명의 승무원이 희생된 우주왕복선 챌린저호의 폭발도 거론되곤 하는데요. 챌린저호의 폭발이 로켓 본체와는 다른 단위를 사용해 부품을 제작한 탓이라는 말이 있습니다. 하지만 이는 사실이 아닙니다. 사고조사위원회에 참가한 리처드 파인만Richard Feynman*이 그 원인을 밝혀냈습니다. 로켓 외벽을 연결하는 고무 링의 온도가 큰 폭으로 변해 탄성을 잃으면서 생긴 틈새로 연료가 새어 나왔기 때문이라고 합니다.

챌린저호 폭발

리처드 파인만

---

* 리처드 파인만은 아인슈타인 이후 20세기 최고의 물리학자로 평가받는 미국의 과학자다. 『파인만 씨 농담도 잘하시네』에는 노벨 물리학상을 받은 천재 물리학자의 기상천외한 인생 에피소드가 실려 있다. 그에 대해 궁금한 점이 있다면 한번 읽어보시길.

⑦ 저 멀리 별이 보내는 빛도 지구에 도착할까?

갑자기 이런 궁금증이 생기네요. 아까 우주가 팽창하면서 외부 은하는 빛보다 빠른 속도로 지구에서 더 멀어지고 있다고 했는데요. 그럼 그 은하에 있는 별들의 빛이 우리에게 도착하기는 하나요?

도착합니다. 별이 멀어지는 속도와 상관없이 빛은 일정한 광속으로 날아옵니다. 발광체나 관측자가 어떤 방향으로 얼마나 빠르게 움직이는지와 상관없이 빛은 진공 상태에서 언제나 초속 30만 km의 속도로 측정됩니다. 언제나 빛의 속도가 동일한 것을 '광속불변의 원리'라고 부릅니다. 아인슈타인의 특수상대성 이론을 구성하는 근본 원리이기도 하죠. 우주의 공간이 광속보다 빠르게 팽창해도 공간 안에서의 빛의 속도는 일정합니다.

광속은 절대적이야.

아인슈타인

사실 이런 현상 역시 이해하기가 쉽지는 않습니다. 일상생활을 통해 형성된 우리의 직관으로는 이해가 가지 않는 게 당연합니다. 현실에서 우리는 속도를 상대적으로 경험하기 때문입니다. 뒤차가 시속 200km의 속도로 쫓아오더라도 내가 시속 210km로 달리면 뒤차는 영원히 나를 따라잡지 못하니까요. 그래서 빛보다 빠른 속도로 멀어지는 은하에서 보내는 빛이 변함없이 초속 30만 km의 속도로 지구에 도달한다는 것이 이해되지 않을 수도 있습니다. 하지만 지금껏 이루어진 모든 정밀한 관측은 관측자가 어떤 위치에서 어떤 속도로 움직이고 있더라도 빛의 속도는 항상 일정하다는 사실을 증명하고 있지요.

하지만 140억 년에 가까운 우주의 나이와 초기 우주, 블랙홀, 인간이 관측할 수 없는 영역의 우주를 생각한다면, 광속이 절대적으로 같은 값이라는 증명이 깨질 가능성도 완전히 부정할 수

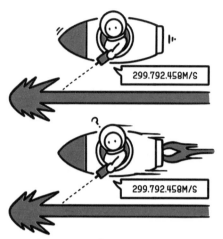

빛의 속력은 어떻게 측정하든 간에 절대적이다!

는 없습니다. 물론 광속불변의 원리가 흔들리면 아인슈타인의 특수상대성 이론을 포함해서 현재까지 인류가 쌓아 올린 물리학 이론 체계의 근간이 무너지는 것도 사실이죠.

그런데 통과하는 매질의 성질이 다르면 빛의 속도 역시 변합니다. 물속에서는 대기를 통과할 때보다 1.3배 느리고, 유리를 통과할 때는 그 굴절률에 따라 속도가 느려집니다. 특수한 매질을 사용하여 시속 60km의 속도까지 빛의 속도를 줄였다거나 심지어 굼벵이보다 느린 초속 0.1mm의 빛을 만들 수도 있고, 아예 빛을 가두어놓을 수도 있다는 논문이 발표됐습니다. 실제 빛을 가둔 수백 개의 저장장치를 집적한 실리콘칩을 이용해 광* 컴퓨터를 만들려는 연구도 이루어지고 있습니다.

물속을 통과하는 빛의 속도

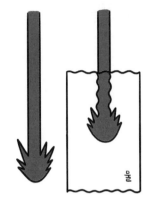

물

빛의 속도가 물속에서는 대기에서보다 1.3배 느리다.

⑧ 우주에는 시작점이 있을까?

── +

그렇다면 또 다른 궁금증이 생겨나네요. 말씀하신 대로 우주가 탄생한 이래 만들어진 모든 별빛이 계속해서 지구에 도착하고 있다면 밤하늘이 지금보다 훨씬 더 밝아야 하는 거 아닌가요?

정말 중요한 질문을 해주셨는데, 옛날에 독일의 천문학자 중에 '하인리히 올베르스Heinrich Olbers'라는 사람이 똑같은 고민을 한 적이 있습니다. 더구나 그 당시에는 우주란 과거의 어느 순간에 탄생한 것이 아니라 무한한 과거부터 영원히 존재해왔다고 생각했습니다. '빅뱅Big Bang'처럼 특정한 시점이란 게 없다고 생각한 거예요.

하인리히 올버스

    이렇게 우주가 시작점 없이 영원히 존재해왔다고 하면 우주의 나이가 무한대가 되는 거죠. 그러면 우주가 살아온 세월이 무한하니까 아무리 먼 거리에 떨어진 별빛이라 한들 무한년을 날아와서 지구에서 보여야 하는 거예요. 우주를 가득 채우고 있는 모든 거리의 별에서 비치는 별빛들이 다 동시에 지구에서 보여야 하는 거죠. 그러면 우주는 눈이 부실 정도로 밝아야 하는 게 논리에 들어맞습니다.

    그런데 실제 지구에서 우리가 바라보는 우주는 밤이 되면 깜깜할 뿐이잖아요. 17세기 천문학계의 거장이었던 요하네스 케플러Johannes Kepler 역시 이 질문의 정답을 찾지 못해 고민하다가 마침내 결론을 내렸습니다. "우주는 무한대의 공간이 아니고, 따라서 빛의 양도 무한대가 아니기 때문에 밤하늘이 어두운 것이다"라고요.

이 문제를 바로 빅뱅이 해결했습니다. 빅뱅은 이렇게 무한하게 과거로 뻗어 있던 우주의 타임라인을 댕강 잘라버리고 '138억 년 전부터 우주가 있었어'라고 이야기하는 거죠. 그러면 우리가 관측할 수 있는 빛의 범위 자체가 무한 광년까지가 아니라 앞에서 이야기한 '관측 가능한 우주 안에서'만이라는 거고 우주에 존재하는 모든 별을 볼 수 없기 때문에 우주가 깜깜하다, 그러니까 우리가 보고 있는 우주가 깜깜하다는 사실 자체가 우주에는 유한한 과거가 있었다라는 걸 증명하는 너무나 명확한 증거라는 거죠.

우주의 빅뱅

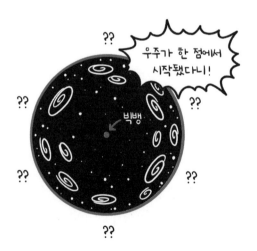

우주 팽창 시작

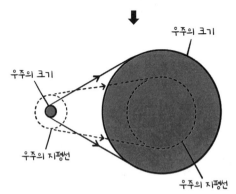

급팽창

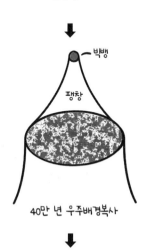

40만 년 우주배경복사

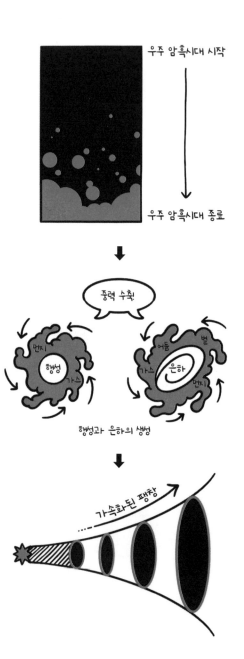

9 아인슈타인은 빅뱅 이론을 인정했을까?

약 138억 년 전에 일어난 빅뱅으로 우주가 탄생했고, 그 후부터 현재까지 엄청난 속도로 팽창하고 있다는 것이 빅뱅 이론이잖아요. 빅뱅 이론 하면 스티븐 호킹Stephen William Hawking 박사가 유명하죠?

'빅뱅Big Bang이란 말 자체의 유래가 좀 재밌습니다. 우주가 안정적인 상태로 유지되고 있다는 '정상상태 우주론The Steady State Theory'자였던 천문학자 프레드 호일Fred Hoyle이 팽창 우주론자들을 비꼬며 "그럼 너희는 우주가 난데없이 커다랗게Big 빵Bang 하고 생겼다는 말이냐!"라고 말한 데서 시작되었다는 이야기가 있습니다. 어쨌든 가장 직관적인 이름이라는 평가를 받아 지금껏 '빅뱅'이라고 쓰이고 있습니다.

프레드 호일   VS   조지 가모프
정상상태 우주론   빅뱅 우주론

앨런 구스Alan Guth라는 천체물리학자가 되게 재밌는 말을 한 적이 있습니다.

"지금의 빅뱅 이론은 빅뱅 빼고 모든 걸 다 설명한다."

이분의 말처럼 빅뱅 이론은 빅뱅 이후의 타임라인은 완벽하게 설명합니다. 근데 '빅뱅이 왜 발생했는가' 하는 데 있어서는 실험을 할 수도 관측을 할 수도 없는 영역이다 보니 이론물리를 하시는 분들에게 저희가 숙제를 넘겨드릴 수밖에 없는 노릇입니다.

'빅뱅 이론'이 어떻게 나오게 됐는지는 다양한 이야기들이 있는데요. 보통 우리가 많이 이야기하는 창시자로는 수학자 조지 가모프George Gamow*가 있고요. 그리고 이후에 관측적인 증거를 발견해준 '에드윈 허블Edwin Hubble'과 '조르주 르메트르Georges Lemaître'

---

* 조지 가모프는 빅뱅 이론의 창시자로 알려져 있다. 일반 대중을 위해 20권이 넘는 과학 도서를 출간할 정도로 과학의 대중화에 앞장선 분.

라는 두 천문학자가 있습니다. 허블과 르메트르 이전에는 가모프가 먼저 수학적 디자인을 통해 우주가 팽창하고 있다는 것을 증명합니다.

그런데 이 주장을 아인슈타인은 받아들이지 않았어요. 원래 아인슈타인은 '우주는 그냥 정적인 세계다', '팽창이건 수축이건 하지 않는다'라고 생각했기 때문입니다. 처음에 르메트르가 한 학회에서 아인슈타인을 만나서 이야기를 나눕니다.

"내가 관측 데이터를 분석해보니까 우주가 팽창하는 것 같아요."

그러자 아인슈타인이 혹평을 합니다.

"수학 계산은 맞는 것 같은데 물리학적으로 말이 됩니까? 물리학 관점에서는 형편없는 주장입니다."

그러다가 에드윈 허블이 다시 관측 데이터를 들고 오니까 그제야 아인슈타인이 인정을 했습니다.

스티븐 호킹Stephen Hawking 박사는 빅뱅 이론과 관련하여 가장 유명한 과학자 중 한 명입니다. 사실 빅뱅 이론의 탄생보다는 이후에 세세한 부분을 완성한 분입니다. 스티븐 호킹이 대중에게 많이 알려진 계기는 알다시피 루게릭병에 걸렸지만 장애를 극복하고 평생 굉장히 어렵게 이론물리학을 치열하게 연구했다는 사실과 『시간의 역사』라는 유명한 대중 과학책을 쓴 저자라는 점이 영향을 미치지 않았나 싶습니다. 이 책은 전 세계적으로 천만 부 이상 팔린 초대형 베스트셀러라고 합니다.

그분의 대표적인 연구 중 하나를 간단히 소개하면, 우주 초기에 정말 양자 수준으로 존재했던, 랜덤하게 막 번쩍번쩍하고 있었던 '양자 요동Quantum Fluctuation' 현상이 있습니다. 그것이 우주 팽창과 함께 확장되면서 그 요동의 차이가 물질 분포, 밀도의 차이가 되었고 그것을 계기로 주변의 중력이 강한 쪽으로 물질이 모여들면서 우주 구조를 만드는 씨앗의 역할을 했다는 얼개를 발견한 분이죠.

스티븐 호킹

10 스티븐 호킹이 성인잡지를 걸고 내기를 벌인 이유는?

스티븐 호킹 박사가 블랙홀의 존재 여부를 두고 누군가와 내기를 벌였다는 이야기를 들은 적이 있는데, 도대체 무슨 내용인가요?

네, 놀랍게도 그런 일이 있었습니다. 현대 물리학의 두 거장이라 할 수 있는 스티븐 호킹과 킵 손Kip S. Thorne 박사가 백조자리 X-1 천체가 블랙홀Black Hole인지 아닌지를 두고 내기를 벌였죠. 블랙홀은 전체 질량이 중심에 모인 중력이 아주 강한 천체예요. 강력한 중력으로 어떤 물질이든 빨아들이죠. 심지어 빛조차도 말입니다. 사실 그때까지 블랙홀은 한 번도 발견되지 않은 상태였습니다.

그럼 도대체 어떻게 블랙홀이 있다는 것을 알고 찾아 나섰느냐 하는 의문이 생길 수 있습니다. 우리가 과학 이론의 대단함을 이 부분에서 느낄 수 있는데요. 아인슈타인의 상대성 이론에 따르면 우주 어딘가에 블랙홀이 있어야 했거든요.

하지만 안타깝게도 아인슈타인조차 블랙홀이 존재한다는 것을 부정했습니다. 인류 역사상 가장 뛰어난 천재였다는 아인슈타인마저도 부피는 0, 밀도는 무한대로 수렴하는 하나의 점이 우주에 존재할 수 있다는 가능성을 받아들이기 어려웠나 봅니다. 지구가 블랙홀이 되려면 부피가 우리 손톱만 한 크기로 압축되어야 한다니, 사실 지금 저 역시도 잘 상상이 되지 않거든요. 우주의 신비는 인간의 상상력을 뛰어넘어 그 한계를 늘 시험하는 것 같습니다.

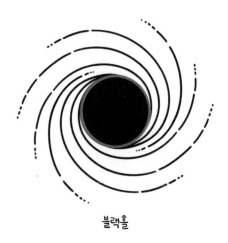

블랙홀

재미있는 건 스티븐 호킹이 백조자리 X-1 천체가 블랙홀이 아닐 거라는 데 내기를 걸었다는 겁니다. 내기를 위해 만든 계약서 내용을 보면 블랙홀의 존재에 너무 많은 투자를 해서 보험을 들기 위해 오히려 아니라는 데 베팅을 했다고 합니다. 내기에 걸린 상품이 성인잡지 구독권이었다는 것도 꽤나 웃음을 줍니다. 그렇게 1974년에 합의가 이뤄진 내기는 우주로 쏘아 올린 X선 망원경 덕분에 블랙홀의 증거가 많이 발견되자 1990년 스티븐 호킹이 패배를 인정하면서 끝이 났습니다.

마침내 인류는 블랙홀을 촬영하는 데까지 성공합니다. 2019년 M87 은하 중심에 있는 초대질량 블랙홀의 영상을 포착한 데 이어 2022년에는 우리 은하의 중심에 있는 궁수자리A의 이미지를 촬영할 수 있었죠. 물론 블랙홀 자체는 강력한 중력으로 빛마저 흡수해버려서 촬영이 불가능합니다. 하지만 블랙홀로 빨려 들어가는 가스층이 압축되고 마찰하면서 회오리처럼 뿜어내는 빛을 포착해 블랙홀의 구조를 촬영할 수 있는 거죠. 블랙홀의 크기는 태양의 10배부터 수만, 수십만 배의 질량을 가진 초대형까지 다양합니다. 아직 완전히 증명되지 않은 이론상의 천체에는 블랙홀과 반대로 빛이나 물질을 뱉어내는 화이트홀White Hole, 어떤 공간과 다른 공간을 연결하는 지름길 같은 구조를 가진 웜홀Worm Hole도 있지요. 모두 다 불가사의하고 우리의 상식을 뛰어넘는데요. 그나마 블랙홀은 그 존재가 관측되었지만, 화이트홀과 웜홀은 실제로 우주에 존재하는지 확실하지는 않습니다.

전 세계 8개 지역에 거대한 관측기를 설치한 '이벤트 호라이즌 텔레스코프' 프로젝트를 통해 찍어 2019년 처음으로 공개된 블랙홀 사진. 지구의 300만 배 크기.

완전 괴물이다!

블랙 홀

이벤트 호라이즌 텔레스코프

11 빅뱅은 어디서 일어난 걸까?

우주에 중심 동네는 있습니까? 강남처럼? 아마도 빅뱅이 일어난 곳이 우주의 중심이 아닐까 하는 생각이 들긴 하네요.

아! 이번에도 중요한 질문을 해주셨네요. 다시 고무줄을 가지고 설명해보겠습니다. 만약에 제가 오른쪽 끝에 있는 은하에 살아요. 그리고 다른 은하를 바라보면 저는 가만히 있고 나머지 은하들만 멀어지는 것 같겠죠. 만약에 반대쪽에도 다른 은하가 2개 더 있다면 저를 중심으로 양쪽 은하가 서로 반대 방향으로 멀어지는 것처럼 보일 거예요. 이번에는 제가 이 고무줄의 가운데 은하로 이사를 했어요. 여기서 똑같이 주변 은하를 바라보면 다시 저는 가만히 있고 양옆의 은하들만 멀어지고 있습니다. 그러니까 우주 어느 지점에서나 주변을 바라보면 자신을 중심으로 다른 천체들이 멀어지는 것처럼 보일 뿐, 우주 공간 자체에 중심은 없습니다.

우리가 놓치기 쉬운 부분이 우주가 특별해서 중심이 없는 것이 아니라 원래 팽창하는 공간 자체에는 중심이 없습니다. 그냥 모든 포인트가 고르게 멀어지고 있을 뿐입니다. "빅뱅은 어디서 일어났을까?"라는 질문 역시 마찬가지로 설명할 수 있습니다. 빅뱅은 사실 우주의 모든 공간에서 동시에 일어난 사건입니다. 우리가 지금 앉아 있는 이곳에서도 빅뱅이 일어난 거죠.

우리가 지금 앉아 있는 이곳에서도
빅뱅이 일어난 것이다!

만약에 지금 제가 이 자리에서 오른쪽으로 1광년 거리의 우주를 바라본다면 그곳은 1년 전의 과거 모습입니다. 100광년의 거리라면 100년 전입니다. 그대로 쭉 가서 관측 가능한 우주의 끝을 본다면 138억 년 전에 날아온 빛을 지금 보는 거죠. 138억 년 전 빅뱅 직후에 처음으로 퍼진 빛을 오른쪽으로 관측 가능한 거리까지 가면 볼 수 있습니다. 마찬가지로 위쪽으로 뻗어 있는 우주를 보면 여기서도 빅뱅 직후의 우주를 볼 수 있습니다. 그러니까 우리는 관측 가능한 거리 안의 모든 방향에서 과거의 우주로 둘러싸여 있습니다. 그렇다면 빅뱅의 원점은 어디일까요?

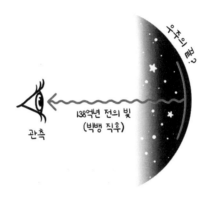

우주의 끝?

138억년 전의 빛
(빅뱅 직후)

관측

빅뱅이 일어난 순간에 가장 근접한 모습을 보고 싶다면 어떤 특정한 먼 방향을 봐야 하는 것이 아니라 그냥 우주 공간 어느 곳이든 보면 되죠. 지금 우리가 앉아 있는 곳도 빅뱅이 일어난 지점입니다. 많은 분이 착각하는 것 중 하나가 우주가 과거에 하나의 점이었다고 할 때, 그 점이 우주 전체를 뜻한다고 생각하는 겁니다. 하지만 이건 오해입니다. 단지 관측 가능한 우주가 '점'이었다는 얘기입니다. 태초에 관측 가능한 우주 바깥은 당시에도 우주가 무한하게 있었을 거예요. 다만 우주의 밀도가 압도적으로 높았겠죠.

일반적으로 표면에 은하들이 붙어 있는 풍선을 비유로 많이 드는데요. 누군가 풍선을 혹 불면 표면이 팽창하면서 은하들의 거리가 멀어지겠죠. 그러면 일반적으로 풍선의 가운데가 빅뱅이 일어난 중심이라는 식의 착각을 많이들 합니다. 그런데 이건 3차원 공간을 2차원의 풍선 표면이라고 비유하는 거거든요. 그래서 이 비유에서는 풍선 표면만을 생각해야 합니다. 그래서 태초의 작은 점이었던 풍선 표면에 빠글빠글하게 있던 애들이 시간이 지나면서 자기들끼리 벌어지는 거죠. 그래서 과거를 거슬러 올라가면 빅뱅은 그냥 여기서도 있었고 저기서도 있었고 달에서도 있었고, 어느 곳에서나 벌어진 일인 거죠.

그냥 세계 자체가 균일하게 커져서 지금의 우주가 된 거니까 지금 제 자리도, 여러분이 앉아 있는 자리도 모두 빅뱅이 일어난 포인트입니다. 자꾸 풍선 바깥을 떠올리는 분도 있는데, 이 비유에서 풍선 바깥은 우주가 아니잖아요. 오로지 면을 따라서만 우주를 본다고 생각해야 올바르게 이해할 수 있습니다.

⑫ 우주를 잉태한 씨앗은 무엇일까?

솔직히 믿기 힘들지만, 지금의 우주가 처음에는 우리 눈에 보이지도 않을 정도로 작았다는 이야기인 거죠?

태초에는 관측 가능한 우주의 크기가 당연히 아주 작았겠죠. 그래서 태초 우주를 이해하려면 양자역학이 필요합니다. 양자역학이라고 하면 듣기만 해도 어려울 것 같아 고개를 절로 흔들게 되는데요. 양자역학은 분자, 원자, 전자, 소립자 등 미시적인 계系의 현상을 다루는 즉, 작은 크기를 갖는 계의 현상을 연구하는 물리학의 한 분야인데 우리가 살아가는 거시세계와는 완전히 다른 운동법칙에 따라 움직입니다. 이는 수많은 관측과 실험을 통해 꾸준히 확인되었어요. 양자역학의 물리학이 우리에게 익숙한 거시세계의 물리학과는 워낙 달라서, 최첨단에서 연구하는 학자들조차도 양자역학을 온전히 이해하기 힘들다고 말하곤 합니다.

　물리학적 관점에서 우주 공간 속 이곳저곳의 상태가 달라야 할 아무런 이유가 없습니다. 제가 이곳에 있고 컵은 이 앞에 놓여 있잖아요. 물리학 이론에서는 여기와 저기가 다르게 구현될 이유가 전혀 없습니다. 이를 '공간 옮김 대칭성'이라고 부릅니다. 공간이 어느 곳에서나 다 균일한 것이 정상이죠. 그런데 지구도 있고, 태양을 포함한 항성도 있고, 우리도 존재하잖아요. 그렇다면 빅뱅 이후 아주 짧은 시간 안에 어느 시점에서 우주가 유지하던 공간의 균일함이 깨져야만 합니다. 이렇게 외부의 원인 없이 저절로 대칭성이 깨지는 것을 '자발적 대칭성 깨짐'이라고 해요. 만약에 그런 일이 발생하지 않았다면 우주는 그냥 모든

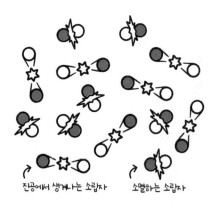

진공에서 생겨나는 소립자　　소멸하는 소립자

미시적인 관점에서 본 진공(양자 요동)

공간을 균일하게 채운 전자기파와 입자들의 곤죽 같은 형태로 존재할 수밖에 없어요.

공간의 균일함이 저절로 깨진 것처럼, 빅뱅 역시 아무것도 없는 진공에서 아무런 이유 없이 순수한 양자 요동의 효과로 시작된 것이 아닐까 생각하는 물리학자도 많습니다. 현실에서 양자 요동 현상을 발견할 수 있는 곳이 있습니다. 쉽게 떠올릴 수 있는 예가 저항이 제로인 초전도 현상인데, 여기서도 양자 요동 효과가 있습니다. 에너지와 시간, 위치와 운동량처럼 어떤 2개의 물리량을 동시에 측정할 수 없다는 것이 '불확정성 원리'*인데, 그 효과로 발생하는 현상이 양자 요동입니다.

양자역학을 따르는 입자는 존재한다고 해도 관측되기 전까지는 정확한 위치나 운동량을 동시에 가질 수 없습니다. 1955년

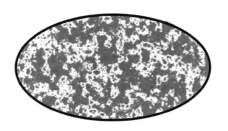

밀도의 차이가 만들어낸 우주

---

* 불확정성 원리(Uncertainty Principle)는 독일의 물리학자인 베르너 하이젠베르크(Werner Karl Heisenberg)가 제안했다고 알려진 물리학 이론이다.

미국의 이론물리학자 존 휠러John Archibald Wheeler는 아주 미세한 플랑크 길이(1.616229×10^{-35}m) 크기의 공간에서는 양자역학의 확률들이 거품처럼 들끓고 있는 상태라고 봅니다. 이런 양자 요동 현상이 공간의 균일성을 저절로 깨트리고 밀도의 변화를 만든 것이 우주 탄생의 씨앗이 되었다는 거죠.

⑬ 달나라까지 인간이 어떻게 간 걸까?

지금도 밤하늘에 떠 있는 달을 보면 사람이 갔다 왔다는 사실이 좀처럼 믿기지 않는데요. 인공위성을 띄우거나 우주정거장을 만드는 것보다는 아무래도 달까지 가는 게 훨씬 어렵겠지요? 그리고 우주 공간에 둥둥 떠 있을 때 움직이려면 어떻게 해야 하나요?

맞습니다. 달에 가는 것은 지구 주변 궤도만 도는 것과는 차원이 다른 문제입니다. 인공위성은 지구 중력에 붙잡혀 궤도를 돌기 때문에 적당한 속도만 있어도 되거든요. 그런데 달까지 가겠다는 목표를 세우면 지구 중력의 소나기를 이겨내고 더 먼 거리까지 가야 하니까 당연히 더 많은 연료와 추진력이 필요하죠.

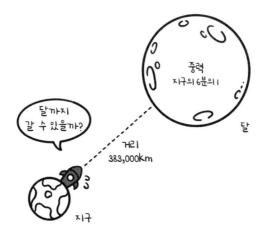

아폴로 계획 때 달에 사람을 보내기 위해 사용했던 로켓이 새 턴V였습니다. 그런데 불과 5년 전까지만 해도 인류는 그보다 강력한 로켓을 만들려고 시도하지 않았습니다. 1969년도에 사용했던 로켓이 2000년을 지나 50년이 훌쩍 넘어가도록 역대 가장 강력했던 거죠. 그러다가 최근에 일론 머스크가 세운 우주 기업 스페이스X SpaceX에서 팰컨헤비 Falcon Heavy 로켓, 나사에서 SLS 로켓을 만들면서 기록이 바뀌었습니다.

지구 표면에서 자동차를 움직일 때는 땅 위에 바퀴를 굴려 발생하는 마찰력을 이용합니다. 반면에 항공기는 고온 고압의 가스를 내뿜는 반작용을 통해 앞으로 나아갑니다. 우주에서도 한쪽으로 힘을 쏟아내면 반대 방향으로 떠밀리는 작용과 반작용을 활용합니다. 하지만 항공기와 달리 우주 공간에는 연료를 태

스페이스X의 팰컨헤비 로켓

울 산소가 없어서 액체 산소와 같은 산화제를 추가로 싣고 가야 하는 것이 중요한 차이점이죠.

연료를 태워 가스를 내뿜는 건 다르게 표현하자면 질량을 내보내는 것과 같습니다. 꽁무니 방향으로 질량을 뿜어내면서 우주선은 앞쪽 방향으로 밀려 나가는 거죠. 픽사의 장편 애니메이션 〈월E WALL-E〉(2008)에서 주인공인 청소 로봇 월E가 소화기의 가스를 쭉 분사하면서 우주 공간을 날아가는 유명한 장면이 나옵니다. 인간이 만든 우주선도 똑같은 과정을 적용합니다. 내보낸 만큼 앞으로 나아가는 거죠. 하지만 생각하는 것처럼 간단하지는 않고 실제로는 되게 복잡합니다. 로켓이 연료를 내뿜으면 실려 있던 연료의 양도 계속 변합니다. 연료의 양이 줄어드는 만큼 시간에 따라서 우주선의 질량도 줄기 때문에 엄청 정교한 미분방정식을 사용해야 합니다. 아마 교과서를 보면 로켓 방정식이라고 나올 텐데, 언뜻 보면 간단하지만 어려운 수식으로 계산합니다.

두 번째 질문, 즉 우주 공간에 떠 있을 때 움직이려면 어떻게 해야 할까요? 지구의 대기권과 달리 우주는 진공 상태이므로 아무런 저항이 없습니다. 일단 속도가 생기면 줄어드는 작용이 없어서 힘을 아주 잘 조정해야 합니다. 만약 우주 공간에서 자유 유영을 하는데 우주선과 연결된 줄이 끊어져 버렸다면 주머니를 뒤져서 어떤 물건이든 정확히 우주선의 반대 방향으로 던지면 됩니다. 만약 잘못된 방향으로 던지고 더는 주머니에 아무것도 없다면 나아가는 방향을 바꿀 수가 없어 영원히 우주 미아가 될 수밖에 없겠죠.

우주를 유영하는 모습

14 달처럼 거대한 천체가 어떻게 지구에 붙잡혀 위성이 되었을까?

달은 지구의 위성이 되기에 너무 큰 거 아닌가요? 목성이나 토성 같은 행성의 위성과 비교하면 우리 달은 지나치게 크게 느껴집니다.

천문학자들 역시 오랜 기간 고민해온 질문입니다. 사실은 지구에 위성이 생긴 원인과 태양계의 다른 행성 주변에 위성이 생긴 원인이 다르긴 합니다. 목성이나 토성 같은 덩치 큰 행성들은 애초에 중력이 워낙 강하다 보니까 주변을 지나가는 소행성들을 붙잡아둘 수 있거든요. 그런데 지구의 경우, 달이 너무 크기 때문에 단순히 지구 곁을 지나가다가 포획되었다고 보기 어렵죠. 그럼 어떻게 된 것일까요?

옛날에 재미있는 가설이 있었는데요. 혹부리 영감이 혹을 뗄는 것처럼 원래 지구가 말캉말캉한 마그마 덩어리였는데 너무 빠르게 돌면서 일부가 떨어져 나가서 달이 되었을 거로 생각했습니다. 그렇게 커다랗고 둥근 달이 떨어져 나간 자리가 바로 지금의 태평양이 되었다고요. 하지만 당연히 이 가설은 사실이 아닙니다. 지금은 어떻게 추정하냐면 45억 년 전에 지금의 화성 정도 크기의 어떤 행성 하나가 지구와 부딪쳐서 그 충격으로 지구에서 많은 부스러기가 떨어져 나갔고 중력의 작용으로 서로 뭉치면서 지금의 달이 되었다고 생각합니다.

지구와 행성의 충돌

이 같은 대충돌 가설은 각각의 가설에 따라 세부 내용이 조금씩 다르긴 하시만 내충돌 자체는 천문학자 대부분이 동의하고 있습니다. 그래서 우리 지구는 자신의 크기와 비교해서 꽤 부담스러운 동생을 거느리게 된 거죠. 지구의 공전과 자전도 달의 영

향을 받는데요. 애초에 달이 탄생한 과정이 지구에서 발생한 어마어마한 충돌 때문이었기에 그 충격으로 지구의 자전축이 좀 기울었다고 볼 수 있고, 지구의 중력이 달을 붙잡고 있지만 반대로 달의 중력에 지구가 붙잡혀 있다고도 해석할 수 있습니다.

지구와 달

지구 크기의 4분의1

지구와 달 사이의 거리는 380,000km

대개 지구는 중심에 가만히 있고 달만 지구를 빙글빙글 돌고 있다고 생각하지만, 원래는 둘 다 중력을 가진 질량 덩어리이기 때문에 다 같이 서로 돌고 있습니다. 지구와 달 전체의 질량 중심점이 지구의 내부에 있어서 마치 지구가 고정된 것처럼 보일 뿐이지 엄밀히 보면 지구도 살짝 달을 대칭으로 돌고 있습니다.

사실 저는 지구에 달이 있어서 지금처럼 인류 문명이 발전하고 생태계도 존재할 수 있다고 생각하거든요. 물리학의 역사를 살펴보면 달을 활용해서 진행했던 연구가 과학을 발전시킨 사례가 많습니다. 그래서 어떤 외계 행성에 문명이 발달했다면 분명 주변에 위성이 있을 거예요. 사실 아이작 뉴턴Isaac Newton이 중력 법칙을 발견할 때 사용했던 데이터를 유심히 살펴보면 달에 관련한 정보를 주로 이용한 것을 알 수 있습니다.

달 덕분에 중력 법칙도 발견할 수 있었다오.

아이작 뉴턴

에펠탑이 처음 지어졌을 때 사람들이 높은 탑 위로 올라갈수록 우주 방사선이 더 많이 쏟아진다는 사실을 발견해요. 처음에는 태양에서 나오는 방사선이라고 생각했는데 이를 확인하기 위해 일식 현상이 나타날 때 열기구를 타고 올라가서 측정해봅니다. 달이 태양을 가리면 방사선의 양이 줄지 않을까 생각한 거죠. 그런데 태양을 가려도 여전히 같은 수치가 찍히는 걸 보고 '아, 이건 태양이 아니라 우주 방사선이구나' 하고 깨닫죠. 이 연구로 노벨상도 받았습니다. 에딩턴Sir Arthur Stanley Eddington이라는 천문학자 역시 아인슈타인의 상대성 원리에 따라 예측되는 중력 렌즈 효과를 달이 태양을 가리는 일식을 활용해서 증명했습니다. 또 그다지 멀지 않은 거리에 달이라는 거대 위성이 떠 있으니까 너무 감질나잖아요. 정말 가보고 싶잖아요. 그런 욕구가 우주 로켓을 만들고 발사하는 계기가 됐다고 생각해요. 그러니 인류에게 달은 정말 고맙고도 감사한 존재입니다.

⑮ 떠오르는 달은 왜 더 커 보일까?

항상 신기하게만 생각하는 현상이 있는데, 황혼에 떠오르는 달은 엄청나게 커 보이잖아요? 한밤중에 높이 떠오르면 다시 작아졌다가 새벽에 지평선 너머로 넘어갈 때는 또 크게 보이고요? 똑같은 달의 크기가 왜 이렇게 다르게 보일까요?

달의 크기가 그렇게 다르게 느껴진다는 것보다 더 놀라운 사실은 우리가 왜 그런 현상이 벌어지는지 현대 과학으로도 아직 명확하게 규명하지 못하는가일 수도 있겠네요. 물론 실제로 공전 주기에 따라 달과 지구 사이의 거리가 가까워져 커다랗게 보이는 슈퍼문 현상은 익히 우리가 알고 있습니다. 그때는 평소보다 약 14% 정도 더 크게 보인다는 통계가 나와 있지만, 그 수치로 설명되지 않을 정도로 크게 보일 때가 많거든요.

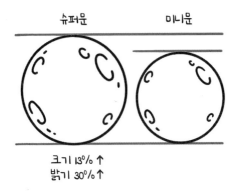

슈퍼문 현상 vs. 미니문

슈퍼문　　　　　미니문

크기 13% ↑
밝기 30% ↑

과거 오랫동안 이것을 그냥 착시 효과라고 생각했어요. 앞쪽으로 기다란 기찻길 모양의 사다리꼴을 그리고 다시 수평으로 모두 같은 길이의 선을 연달아 그리면 위쪽의 선이 더 길게 보이는 착시 현상을 '폰조 착시'라고 하는데, 달 역시 그 영향으로 크기가 확대되어 보인다고 생각한 거죠. 실제로 같은 배율을 설정한 카메라를 고정해놓고 높이 떠 있는 달과 지평선에 걸린 달을 찍어서 사진을 비교하면 정확하게 지름이 같거든요. 그러니까 확실히 착시는 맞습니다.

그런데 최근에 이러한 설명에 질문이 제기됐는데, 우주인들이 우주정거장 같은 곳에서 달을 보면 지구 지평선에 낮게 걸려 있는 달이 더 크게 보인다는 이야기들을 하거든요. 당연히 우주에서 지구와 달을 보면 지형지물이 없어 폰조 착시 효과가 발생할

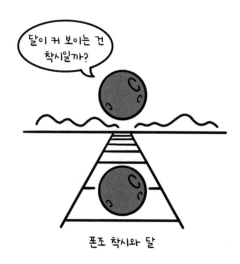

폰조 착시와 달

리가 없잖아요. 그래서 그동안 인류가 해왔던 설명이 완벽하게 맞아떨어지지 않는 거죠.

대기의 밀도 차이나 이런 거로 빛의 굴절 현상이 영향을 미치는 건 아닐까, 생각할 수도 있지만 사실 그 효과는 달의 모양을 찌그러트리는 정도지 크기를 왜곡하지는 않거든요. 그래서 아직까지는 왜 우리가 마치 집단 최면에라도 걸린 것처럼 지평선에 낮게 떠 있는 달을 더 크게 느끼는가에 대한 완벽한 해석이 나오지 않았습니다.

재밌는 건, 과학관 같은 곳에서 우리가 의자에 길게 누워 밤하늘의 천체를 보는 플라네타리움Planetarium(천체투영관)을 통해 관람하는 사람들에게는 달 착시가 나타나지 않습니다. 그래서 실제 천체 영상을 만들면서 달이 가장자리에 걸릴 때는 일부러 달의 크기를 달리해서 현실감을 높이는 방법을 쓴다고 합니다.

과학관에 누워 천체투영관으로 달을 바라보는 모습

16 메말라 보이는 달에도 과연 물이 있을까?

인간이 달에 간 영상이나 사진을 보면 표면이 사막처럼 메말라 있잖아요. 우주인이 깡충깡충 뛰면 먼지가 막 피어오르고요. 그런데 최근에 달에서 어마어마한 양의 물이 발견됐다는 뉴스를 봤는데, 도대체 어디에 물이 있었던 건가요?

달에 물이 있다는 건 알려진 지 꽤 오래된 사실입니다. 이미 레이더 관측을 통해 얼음의 존재가 확인됐거든요. 최근에 나사에서 밝혀낸 사실은 달에 단지 물이 존재한다는 정도가 아니라 인류가 달에서 영구 기지를 운영할 수 있을 정도로 물의 양이 상당하다는 거죠.

메말라 보이는 달에 어떻게 물이 존재할까요? 달 역시 지구와 마찬가지로 태양 주변을 돌기 때문에 달의 극지방에서는 태양

달 표면 분화구를 중심으로
대량의 물 발견.
출처: NASA

빛이 비스듬하게 비칩니다. 우리가 달을 보면 곰보 자국처럼 움푹 파여 있는 크레이터를 많이 발견할 수 있는데요. 달의 극지방에 있는 크레이터의 깊숙한 곳에는 아무리 태양의 방향이 달라져도 영구히 빛이 들지 않는 음영 지역이 생깁니다. 크레이터 가장자리의 언덕이 빛을 가리니까요. 그곳의 얼음이 지금까지도 그대로 남아 있는 거죠.

물이 태양 빛을 받아 기체로 변하는 걸 '기화'라고 하고 얼음이 곧바로 기체로 변하는 걸 '승화'라고 부르는데, 달의 얼음은 크레이터 속 달 표면 아래 깊숙한 곳에서 태양 빛을 피해 승화 현상을 겪지 않아서 지금까지 남아 있을 수 있는 겁니다. 최근에 발사된 우리나라의 달 탐사선 다누리호도 얼음이 존재하는 극지방의 영구 음영 지역을 확인했습니다. 이번에 나사에서 다시 달에 사람을 보내려는 아르테미스 유인 달 탐사를 계획하고 있느데, 물을 얻을 수 있는 영구 음영 지역에 착륙해서 최종적으로는 달 기지를 짓겠다는 것이 목표입니다.

그럼 달에 존재하는 물은 어떻게 생겨난 것인가, 하는 궁금증이 드는 것이 당연한데요. 정확히 말하면 아직 답을 모릅니다. 사실 지구 바닷물의 기원도 확실하지 않거든요. 아마도 지구와 충돌한 혜성이나 소행성에 있던 얼음이 전해진 게 아닐까 추측합니다. 달 역시 오래전에 외계 천체와의 충돌에서 물이 전해지고 지금까지 남아 있는 것이 아닐까 하고 생각합니다. 태양계 끝자락에 가면 아직도 얼어 있는 얼음 천체들이 많은데, 그것들이 가끔 지구나 달에 날아왔고 그때 물이 보충되었을 거라는 가설이 현재 지배적이죠.

17 멀어지는 달을 지구 가까이 당길 수 있을까?

달이 지구에서 자꾸 멀어지고 있다는데 사실인가요? 그렇다면 지구에 있는 핵폭탄을 모두 모아 달 뒷면에 터뜨리면 지구로 당겨올 수 있는 거 아닐까요?

달은 1년마다 대략 3.8cm씩 지구에서 멀어지고 있습니다. 그 원인은 재미있게도 지구에 있는 바다 때문입니다. 달은 거대한 중력으로 바닷물을 끌어당깁니다. 달이 가까워져 바닷물을 많이 끌어당기면 썰물이 되고 해변이 넓게 드러나죠. 반대로 달이 지구에서 멀어지면 중력이 약해져 바다가 평평해지면서 밀물이 되고 해변 끝까지 바닷물이 차오릅니다. 그 속도가 무시하지 못할 수준이어서 우리나라 서해안에서는 뻘에 있던 사람들이 미처 빠져나오지 못해 목숨을 잃기도 합니다.

이 과정에서 바닷물과 해저의 지표면이 마찰을 일으켜 지구의 자전 속도가 느려집니다. 그렇게 지구가 잃어버린 에너지를 달이 가져가서 공전 속도는 빨라지고, 달은 반대로 지구에서 멀어지죠. 자전 속도가 느려지면서 지구의 하루 길이도 미세하게 늘어납니다. 지금으로부터 약 1억 년 전에는 하루가 23시간이었습니다. 공룡들은 오히려 현대인보다 더 바쁜 하루를 살았습니다. 앞으로 7만 년 정도가 더 지나면 우리의 후손들은 지금보다 1초 늘어난 하루를 살게 되겠죠.

1억 년 전 지구의 하루는 23시간

실제로 미 공군은 달에 핵폭탄을 발사하는 계획을 세우기도 했습니다. 미국과 소련이 달 탐사 경쟁을 치열하게 벌이던 때의 일인데요. 소련에 뒤처진 미국은 조바심을 견디지 못하고 그저 달에 지진을 일으키면 어떤 현상이 벌어질지, 그리고 미국의 군사적 위력을 보여주자는 황당한 목적으로 그런 무모한 계획을 세웠다고 합니다.

다행히 미국 CIA가 순회 전시 중이던 소련의 무인 달 탐사선을 쥐도 새도 모르게 샅샅이 촬영하는 데 성공해서 소련을 따라잡을 수 있는 기술적 토대를 마련했고, 미국 공군의 핵폭탄 발사 계획은 실행되지 않았습니다. 좋은 말로 하면 스파이 작전이지만, 실은 소련의 기술을 몰래 도둑질한 행위가 미국이 아폴로 계획을 통해 인간을 달로 보내는 데 도움이 되었다는 것은 역사의 아이러니가 아닐 수 없습니다.

소련의 무인 달 탐사선

질문에 대한 답을 하자면, 달을 붙잡아두기 위해 달의 뒷면에 핵폭탄을 터뜨리는 건 현실성이 없습니다. 오히려 지구와 가까운 우주 공간에 방사능 낙진만 흩뿌리고 달의 공전 궤도에는 아무런 영향을 미치지 못할 거예요. 우리가 흔히 착각하는 것이 밤하늘에 떠 있는 달을 보면 그냥 천천히 움직이는 것 같잖아요. 그런데 지구에서 달까지의 거리가 38만 km예요. 그 커다란 원을 불과 30일 만에 완주하는 겁니다. 그런 무시무시한 달의 운동에너지 때문에 지구상의 핵폭탄을 모두 터뜨린다 해도 달의 속도를 초속 1m도 바꾸기 어렵다는 계산이 나옵니다.

하지만 달이 지구를 영원히 떠나버릴 거라는 걱정은 하지 않아도 됩니다. 시간이 지날수록 지구의 자전 속도는 느려지고 달의 공전 속도는 빨라지겠지만 양쪽의 속도가 똑같아지는 시점이 오면 조수 간만의 차가 없어지면서, 그러니까 밀물과 썰물 현상이 사라지면서 에너지 균형이 이루어질 겁니다. 지구와 달이 주고받는 에너지가 사라지는 거죠. 그러면 달은 더 이상 멀어지지 않고 지구와 영겁처럼 기나긴 세월을 함께할 겁니다.

18 제임스 웹 우주망원경의 성능은 얼마나 뛰어날까?

허블 우주망원경으로 캄캄한 우주 공간의 조그만 귀퉁이를 찍었더니 수많은 은하가 보였다는 '허블 딥 필드' 사진은 저도 감명 깊게 본 기억이 납니다. 그런데 이번에 쏘아 올린 제임스 웹 망원경은 허블보다 100배나 성능이 뛰어나다니 과연 어떤 사진들을 보내올까요?

너무 놀라서 소름이 돋았던 에피소드 하나를 말씀드리고 싶군요. 제가 대학교 신입생이었을 때입니다. 수업 시간에 한 교수님께서 허블 망원경 사진 하나를 보여주셨어요. 교수님이 대학원생이었을 때 처음 본 사진인데 너무 충격적이었다면서요. 그때 제가 감동을 많이 받았는데 무척 나이가 많으신 교수님인데도 그 말씀을 하시는 순간에는 정말 어린아이처럼 눈빛

이 반짝반짝 빛나는 거예요. 그때 결심했습니다. '아, 나도 저런 학자가 되어야겠다.'

저는 이미 허블 망원경이 우주로 떠난 뒤에 태어난 세대라 어렸을 때부터 허블 망원경이 찍은 이미지들을 지겹도록 봤거든요. 교과서만 펼치면 있는 사진이니까 특별히 감흥을 느끼지 못한 것도 사실입니다. 그러다가 2021년에 제임스 웹 망원경이 우주로 올라갔죠. 많은 천문학자가 기대를 품긴 했지만, 한편으로는 이미 허블이 엄청난 데이터를 축적했고 찍지 않은 사진이 없는 상황에서 제임스 웹이 뛰어나다 한들 얼마나 새로울까 하는 의구심도 있었습니다.

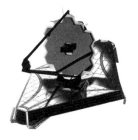

	허블 망원경	제임스 웹 망원경
발사	1990년 4월 25일	2021년 12월 25일
수명	31년(현재 작동 중)	10년
무게	12.2t	6.2t
넓이	13.2m×4.2m	20.1m×14.1m
망원경 거울 직경	2.4m	6.5m
작동 온도	20도	-230도
임무 궤도	약 550km	약 150만 km

제임스 웹 망원경이 발사되고 나서 4개월 만인 2022년 4월, 첫 번째 테스트 촬영본을 공개했어요. 본격적인 관측 사진도 아니었어요. 제임스 웹 망원경은 총 18개의 거울로 구성되어 있는데, 이 거울들을 완벽하게 정렬해야 하나의 커다랗고 매끈한 거울의 역할을 할 수 있습니다. 그래서 18개의 조각 거울들을 미세하게 조정한 다음에 시험 삼아 B컷을 찍은 것이지요.

그런데 연습용으로 찍은 B컷인데도 불구하고 너무나 많은 은하가 찍혀 있는 거예요. 그 순간 온몸에 소름이 돋으면서, 아 그래서 그때 그 교수님이 그런 눈빛으로 우리에게 강의하셨구나 하는 깨달음이 오면서 나도 나중에 나이가 들면 꼭 이 경험을 내 후배들에게 전해줘야겠다고 결심했습니다.

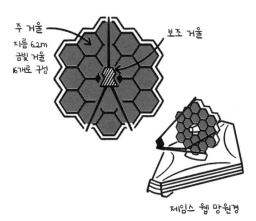

제임스 웹 망원경의 18개 조각 거울

주 거울
지름 6.2m
금빛 거울
18개로 구성

보조 거울

제임스 웹 망원경

그 사진이 정말 놀라웠던 게 뭐냐면 거울 정렬 상태를 시험하는 것이 목적이라 우리 은하 안에서 가장 가까운 별을 찍었어요. 가까운 곳에 있는 밝은 천체니까 시험하기 좋은 거죠. 그런데 그 별만 찍힌 게 아니라 훨씬 먼 배경 우주에 있는 은하가 정말 셀 수 없을 정도로 많이 찍혀 있는 거예요. 사실상 허블이 공들여 찍었던 딥 필드 이미지가 나타나버린 거죠. 허블은 그 사진을 찍기 위해 무려 100만 초의 시간 동안 빛을 모았거든요. 6개월 동안 궤도를 돌면서 틈틈이 빛을 모아서 딥 필드 이미지를 완성한 거죠. 그런데 제임스 웹은 단지 200초, 그러니까 30분가량의 노출 시간으로 딥 필드보다 더 선명한 사진을 찍어버렸습니다. 그래서 더 소름이 돋았던 것 같습니다.

만약 우리가 직접 우주 공간에 올라가서 맨눈으로 바라본다면 딥 필드의 그렇게 화려한 이미지를 보기는 어렵습니다. 망원경과 사람 눈의 가장 큰 차이는 빛을 담아둘 수 있느냐입니다. 사람 눈은 빛이 들어오면 그냥 쓱 지나가버리고 말지만, 카메라나 망원경의 렌즈는 빛을 담아둘 수 있습니다. 빛에 반응하는 전자들을 차곡차곡 쌓아서 이미지 정보를 누적시킬 수가 있습니다. 쉽게 말해서 사람 눈은 생방송만 할 수 있지만, 전자기기로 만들어진 렌즈는 녹화방송을 할 수 있다는 거죠.

⑲ 외계인은 정말 있을까?

미확인비행물체UFO를 찍은 사진이나 목격담이 많습니다. 우주에 있는 다른 행성에 정말 외계인이 살고 있을까요?

있습니다! 상상하기조차 힘든 우주의 크기를 고려한다면 확률상 외계 우주인은 어딘가에 분명히 존재할 확률이 절대적입니다. 외계인과의 만남을 내용으로 하는 SF영화 〈콘택트 Contact〉(1997)*에도 "이 넓은 우주에 지구에만 생명이 존재한다면 엄청난 공간의 낭비다"라는 유명한 대사가 나옵니다. 그렇다고 지구에 이미 외계인이 UFO를 타고 방문했다거나 하는 이야기들이 사실이라는 건 아닙니다.

---

* 〈콘택트〉는 칼 세이건의 소설을 바탕으로 로버트 저메키스 감독이 연출하고 조디 포스터와 매튜 매커너히가 주연을 맡은 영화다. 조디 포스터가 천체물리학자로 나온다.

사실 외계인이 침략하기에 이 광활한 우주에서 지구의 존재감은 너무 약하지 않을까요? 지구가 우주 공간 바깥으로 전파를 쏘거나 하면서 무슨 흔적이라도 남겨야 외계인들이 "저 행성 좀 탐나는걸" 하면서 쳐들어올 거 아니에요. 그런데 아무리 길게 잡아도 지구에서 전파를 우주 공간으로 날려 보낸 역사가 한 120년밖에 안 되거든요. 그러면 아무리 넓게 잡아도 반경 120광년 안쪽의 이웃 행성에서만 지구의 전파를 탐지하고 한번 가봐야겠다고 생각할 수 있을 겁니다. 그런데 우리 은하의 반지름만 따져도 5만 광년이 넘거든요. 반지름 5만 광년짜리 원반 안에 있는 반지름 120광년짜리 티끌을 한번 상상해보세요. 우리 지구의 흔적이 무슨 존재감이 있겠습니까?

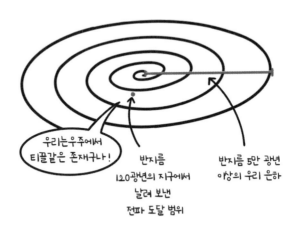

우리는 우주에서 티끌같은 존재구나!

반지름 120광년의 지구에서 날려 보낸 전파 도달 범위

반지름 5만 광년 이상의 우리 은하

외계인은 지구 문명보다 훨씬 발달해서 광속의 제한을 받지 않고 능동적으로 우리를 찾아올 수 있다고 생각하는 사람들도 있습니다. 그런데 제가 꼭 하나 말씀드리고 싶은 게 있어요. 흔히들 인류의 역사를 우주에 그대로 확장 적용해서 외계 문명과의 만남을 상상하곤 하는데요. 인류의 역사를 살펴보면, 발전된 과학 문명 덕분에 빠르고 거대한 운송수단을 가진 서양 국가들이 아프리카나 아메리카의 원주민들을 찾아내고 침략하여 식민지화했습니다.

하지만 우주에서는 이 같은 상황이 펼쳐지기 힘듭니다. 왜냐하면, 공간 자체가 너무 넓어서 아무리 기술이 발전했더라도 직접 찾아오기가 쉽지 않거든요. 기술이 발전할수록 이미 오래전부터 전파를 날렸을 것이기 때문에 오히려 다른 문명에 발견될 확률만 높아지겠죠. 그러니까 지구에서는 더 발전한 쪽이 다른 문명을 찾아다녔다면, 우주에서는 더 발전한 쪽이 자신의 존재를 먼저 들킬 확률이 높은 거죠.

㉑ 왜 토성만 아름다운 고리를 뽐내는 행성이 됐을까?

태양계의 행성들은 대개 다 그냥 둥글둥글하게 생겼는데 유독 토성은 둥그런 띠가 있어요. 왜 혼자서만 이런 띠가 생겼을까요?

토성 고리는 아주 오래전부터 천문학자들의 연구 대상이었습니다. 사실 고리를 가진 건 토성만이 아니에요. 가스 행성 대부분은 고리가 있습니다. 목성도 있고 천왕성도 있는데 다만 그것들의 고리는 너무 희미해서 토성만큼 선명하게 보이지 않을 뿐이죠.

최근까지만 하디라도 40억 년 전쯤에 토성이 탄생할 때 남은 부스러기들이 토성의 중력에 붙잡혀 고리가 되었을 거라고 생각했는데요. 1997년에 발사된 토성 탐사선 카시니^{Cassini}를 통해

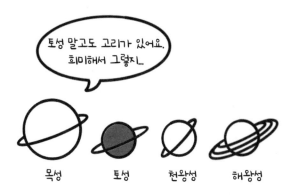

관측한 결과를 보고 토성의 고리가 무척 어리다는 사실을 알게 됐어요. 대략 1억 년 전부터 고리가 있었다는 거죠. 지금까지 토성이 살아온 세월이 40억 년인데 39억 년 동안은 고리가 없었다는 말입니다. 그러다가 최근 1억 년 전부터, 그러니까 지구에 공룡이 살던 즈음부터 고리가 야금야금 채워지면서 지금의 아름다운 모습이 완성된 거죠.

토성 주변의 고리는 대부분 얼음 부스러기로 채워져 있는데요. 이것은 토성 곁을 돌고 있는 얼음 위성들이 간헐천처럼 뿜어내는 입자들로, 토성의 중력에 붙잡혀 지금의 고리를 이루고 있는 거예요.

토성 자체는 가스로 이뤄진 행성입니다. 만약 누군가 토성을 가져와서 물을 채운 커다란 욕조에 넣을 수 있다면 수면 위로 둥둥 떠오르겠죠. 지구의 공기보다 밀도가 높긴 하겠지만 어쨌든 기체로 이루어진 행성이니까요. 그래서 설사 우리가 토성에 착륙하더라도 서 있을 수는 없습니다. 계속해서 가라앉다가, 고체로 이루어져 있다고 추정되는 중심부인 핵이 있는 지점에 가서야 발붙일 곳이 생길 겁니다.

그런데 아름다운 토성의 현재 모습이 앞으로도 영원할까요? 그렇지는 않습니다. 태양으로부터 굉장히 강한 자외선을 받고 있는데 그 빛을 주기적으로 받으면서 고리를 이루고 있는 얼음 입자들이 승화되고 있거든요. 그리고 다시 토성의 자기장에 붙잡혀서 토성의 구름 속으로 들어가고 있습니다. 그래서 앞으로 3억 년 정도가 지나면 토성 고리가 사라지리라 예상합니다. 그래서 너무 신기하게도 하필 지금 우리가 토성의 전체 역사에서 가장 전성기의 예쁜 모습을 누리면서 사는 셈입니다.

토성 말고도 목성 같은 행성들 주변에 지구보다 더 많은 양의 물을 품고 있는 얼음 위성들이 엄청 많습니다. 그래서 최근에는

화성 말고 오히려 이런 얼음 위성들에 생명이 살고 있을지도 모른다는 기대가 떠오르고 있습니다. 토성 탐사선 카시니의 최후도 이런 외계 생명체의 가능성과 관련이 있습니다. 나사는 연료가 소진된 카시니를 토성의 구름 속으로 다이빙시켰거든요. 만약 그대로 놓아두면 끝없이 궤도를 돌다가 위성 중 하나와 충돌할 수가 있고, 그러면 혹시 카시니에 묻어 있을지도 모르는 지구의 미생물이나 세균, 카시니에 탑재된 원자력 전지에서 방출되는 방사선으로 위성을 오염시켜 그곳에 살고 있을지도 모르는 생명체를 멸종시킬 수도 있으니까요.

그리하여 나사가 '그랜드 피날레Grand Finale'라고 이름 붙인 마지막 과정을 통해 카시니는 영원히 토성의 일부가 되었습니다.

21 소행성이 지구로 날아오면 어떻게 해야 할까?

지금 우리는 별로 걱정하지 않고 살긴 하지만, 6천 몇 백만 년 전쯤에 지구에 사는 생물들을 거의 멸종시킨 소행성 충돌이 있었다고 하는데요. 또다시 갑자기 지구로 날아오는 소행성을 발견한다면 어떻게 해야 할까요?

46억 년 지구의 역사에서 가장 유명한 운석 충돌 사건인데요. 6,600만 년 전에 지금의 멕시코 유카탄반도에 거대한 소행성이 떨어졌습니다. 엄청난 크기의 충돌구를 남긴 칙슐루브Chicxulub 소행성 대충돌인데요. 소행성의 크기가 지름 10km 이상으로 거대했고 지구에 남긴 흔적 역시 깊이 30km, 폭 100km의 어마어마한 구덩이를 만들었습니다. 공룡이 멸종한 원인이 바로 이 사건 때문이라는 주장도 있죠. 당시 지구상 동식물의 4

멕시코 유카탄반도 운석 충돌 흔적.

분의 3이 멸종했다고 합니다.

지구로 날아오는 소행성을 발견한다면 여러 가지 가능한 방법을 생각해볼 수 있겠죠. 인류가 가진 가장 강력한 폭탄을 사용하여 소행성을 부술 수도 있고 날아오는 궤도를 인위적으로 바꿀 수도 있을 겁니다.

실제 나사에서는 소행성의 궤도를 바꾸는 다트DART 실험에 성공했습니다. 벽에 걸어놓은 표적을 겨냥해 작은 화살을 던져 점수를 경쟁하는 게임을 '다트'라고 부르잖아요. 그렇게 인류가 우주 공간의 아주 작은 표적을 겨냥해 맞추려는 시도가 나사의 다트 실험이었습니다. 하지만 'DART'라는 이름의 정식 의미는 이중 소행성Double Asteroid 방향 전환 실험Redirection Test의 영문 머리글자입니다. 그래서 이런 특징 때문에 실험 성공 이후에도 몇 가지 숙제를 남겨놓았습니다.

이름에서도 알 수 있듯이 표적 자체가 이중 소행성이었습니다. 혼자 도는 게 아니라 디디모스라는 소행성과 디모르포스라는 작은 위성이 서로의 중력으로 연결돼 빙글빙글 돌고 있는데, 디모르포스를 겨냥한 거죠. 한 500kg 정도 되는 탐사선을 빠르게 날려 보내서 '쾅' 하고 충돌시켰습니다. 그랬더니 실제로 원래 궤도보다 좀 짧아지는 것을 확인했습니다. 공전 주기가 이전보다 한 30분 정도 짧아진 거죠.

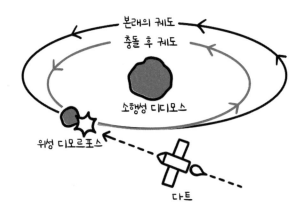

그런데 이제 우리가 고민해야 할 게 크게 두 가지가 있습니다. 일단 하나는 이 다트 실험이 일종의 반칙이라는 겁니다. 왜냐하면 성공이 보장된 테스트였기 때문이에요. 지구를 실제로 심각하게 위협하는 건 멀리서 혼자 날아오는 덩치 큰 소행성들이거든요. 이런 소행성 같은 경우에는 정말 궤도가 바뀌었는지를 확인하려면 태양계를 일주하는 긴 시간 동안 관측해서 결과를 검증해야 합니다. 그런데 실험의 대상인 이중 소행성은 애초에 공전 궤도가 짧잖아요. 그러니까 충돌 이후 얼마 안 있다가 바로 궤도가 줄어드는 것을 쉽게 검증했던 겁니다. 달리 말하면 아주 간편한 연습용 타깃이었던 거죠. 다른 하나는 사전에 기대했던 것보다 디모르포스의 속도가 더 많이 바뀌었어요. 그러니까 예측치를 벗어난 겁니다. 왜 그랬냐면 충돌할 때 튀어 나간 파편들이 마치 엔진이 분사하는 것처럼 추가 운동량의 변화를 일으킨 거예요.

여기서 중요한 문제가 얼마나 많은 파편이 튀어 나갈지는 목표 소행성을 구성하는 암석의 암질에 달려 있거든요. 얼마나 건조한 암석인지에 따라 결정됩니다. 암석의 암질을 미리 확실하게 알지 못하면 얼마나 무겁고 빠르게 타격시켜야 할지를 알 수 없습니다. 그런데 지구 충돌이 코앞인데 한가하게 탐사선을 보내서 암질을 조사하고 질량밀도를 구하기가 쉽지는 않겠죠. 그래서 다트 실험이 불완전한 성공이었다는 평가를 받고 있습니다.

다만 우리가 조금 안심할 수 있는 건, 지구에 다가오는 소행성을 지속적으로 모니터링하는 천문학자들이 있다는 사실입니다. 지구를 중심으로 모든 방향의 우주에서 날아오는 위험한 물질을 지구 근접 천체라고 부르는데, 이를 항상 감시하는 지구방위대가 있는 거죠.

소행성을 지속적으로 모니터링하는 천문학자들

㉒ 인류는 정말 화성으로 이주할 수 있을까?

── +

일론 머스크는 전기차를 만드는 회사인 테슬라를 세웠고 세계 최고 부자의 자리에 오르기도 했는데요. 사실 그분의 진짜 꿈은 인류를 화성으로 이주시키는 거라면서요? 화성에다가 핵폭탄을 터뜨려서 구름을 만들고 인간이 살 수 있게 하겠다는 이야기가 있던데, 이게 과학적으로 가능한 겁니까?

화성에 인간이 살기 위해서는 대기권이 필요합니다. 화성의 평균 표면 온도가 -80°C 정도 되는데 지구처럼 두터운 대기권이 형성되어야 태양 에너지를 붙잡아두고 행성을 따듯하게 만들 수 있거든요. 화성에 대기권이 아예 없는 건 아니지만 지구 대기 질량의 0.01%에도 미치지 못합니다. 그래서 일론 머스크는 얼음층이 있는 화성의 극지방에 핵미사일을 무지막지하게 터뜨리면 얼음이 녹고 깨져서 땅에 갇혀 있던 이산화탄소 등의 온실가스가 뿜어져 나오고, 대기권이 형성돼서 표면 온도가 올라갈 거라고 주장하기도 했습니다.

문제는 화성의 지름이 지구의 절반밖에 되지 않는 거예요. 전체 크기도 4분의 1 정도에 불과하죠. 무게 역시 지구가 화성보다 10배 정도 무겁다는 연구 결과가 있습니다. 그래서 화성의 중력은 지구보다 훨씬 약합니다. 만약 핵폭탄 실험이 성공해서 잠깐 바다가 만들어지고 대기권이 형성되더라도 붙잡아놓을 수가 없는 거죠.

일론 머스크
제2의 지구가 될 화성?
2030년에 완공 예정

사실 우리 지구도 대기권이 야금야금 우주로 사라지는 중입니다. 물론 지구가 가진 중력이면 대기권이 사라져 우리에게 영향을 미칠 때까지는 어마어마한 시간이 걸릴 테니 걱정까지 할 필요는 없지만, 화성에서는 문제가 다르죠. 인류가 화성에서 안정적으로 살고 싶다면 행성 전체의 중력을 인공적으로 높여야 하는데, 현실적으로 그 방법을 찾기가 쉽지 않아요.

외계 행성을 지구화해서 인간이 살 수 있는 환경으로 바꾸는 걸 '테라포밍Terraforming'이라고 부르는데요. 일론 머스크처럼 핵폭탄을 이용하겠다는 것 말고도 이런저런 아이디어가 있긴 합니다. 화성의 우주 궤도에 어마어마한 반사경을 올려 인간이 거주할 지역에만 햇빛을 집중적으로 쏜다거나 화성에 탄소가스를 내뿜는 공장을 대량으로 지어 온실 효과를 만들자는 이야기도 있습니다. 하지만 이 모든 게 지금 현재의 과학 기술로는 많은 한계가 있는 주장입니다. 가장 중요한 건 이런 아이디어들을 실제 추진하는 데 필요한 예산을 생각하면, 현재 지구가 직면한 심각한 환경 문제를 해결하고도 남는다는 사실입니다. 지금부터라도 우리 각자가 환경을 보호하고 지구를 더 사랑한다면 굳이 화성에까지 갈 필요가 있을까요?

우주를 더 많이 알려면 천문학과 물리학 중 무엇이 더 필요할까?

우주를 이해하는 데 지금 우리에게 더 필요한 능력은 천문학의 관측 기술인가요, 아니면 수학의 발전인가요?

흠, 어려운 질문이네요. 가끔 제가 옛날 학부 과정에 있을 때, 물리학과 친구들이랑 천문학과 친구들이랑 농담 삼아 이런 이야기를 나눈 적이 있어요.

천문학자들은 실제 눈으로 봐야 믿거든요. 관측으로 입증이 된 우주만 받아들이는 겁니다. 그래서 우리가 물리학을 공부하는 친구들한테 이렇게 말하곤 했습니다.

"너희는 칠판 속에만 존재하는 우주 연구해봤자 무슨 의미가 있어? 우리처럼 실제 관측을 통해 입증해야 그게 과학이지."

그러면 물리학을 공부하는 친구들이 대꾸하죠.

"너희는 보이는 세계만 공부하지? 우리는 수학을 통해 당장 볼 수 없는 저 너머의 세계를 이해하고 있어."

이렇게 두 학문은 경쟁 구도라기보다는 천문학자들이 관측을 통해 발견한 우주 안의 법칙들을 물리학자들이 수학을 통해 디자인해서 검증합니다. 이를 또다시 확장하면, 당장은 알 수 없는 우주에 대해 새로운 예측을 할 수 있고, 다시 그 예측한 것들이 실재하는지 안 하는지를 천문학자들이 관측을 통해 입증하는 식으로 '티키타카'가 이루어지면서 우주의 비밀을 한 꺼풀씩 벗겨나가고 있다고 생각합니다.

물리학과 천문학은
서로 보완하며 발전하고 있다.

구독자들의
이런저런 궁금증 1

Q1

우주의 탄생부터 현재까지 우리가 관측할 수 있는 천체의 모든 현상을 일관성 있게 이해할 수 있고 현대 과학자들이 합의한 가장 주된 설명은 무엇인가요?
-pine***

우선 질문이 요구하는 범위를 명확히 할 필요가 있습니다. 질문은 '관측할 수 있는 천체의 모든 현상'을 설명하는 일관된 이론에 대해 묻고 있습니다. 즉 '관측 가능한 세계'로 질문의 범위가 제한됩니다. 그리고 사실 이것은 천문학적으로도 아주 의미 있는 시작입니다. 천문학은 관측의 과학, 즉 보이는 우주에 대해서만 과학적인 이야기가 가능한 한계가 있는 과학이기 때문입니다. 그리고 우리가 관측할 수 있는 우주는 그 범위가 무한하지 않습니다. 이 점이 아주 중요합니다.

관측 가능한 우주를 로그 스케일로 표현한 그림. 가운데 지구를 중심으로 태양계, 그 너머 우리 은하와 우주의 거대 구조까지를 하나의 그림으로 보여준다.

오래전 사람들은 우주가 원래부터 지금의 모습으로 쭉 존재한 정적인 세계라고 생각했습니다. 우주엔 특정한 시점이란 게 없고, 무한한 과거부터 계속 지금의 모습으로 존재해왔다는 것이죠. 다시 말해 우주가 무한한 세월을 살아왔다고 생각했던 겁니다. 하지만 이것은 우리가 관측하고 있는 우주와는 모순됩니다. 우리가 보는 우주는 너무 어둡기 때문입니다.

만약 우주가 무한한 세월을 존재해왔다면 우린 아주 먼 거리에 있는 별빛이더라도 모든 별빛을 다 볼 수 있어야 합니다. 아무리 멀더라도 무한한 세월이라면 충분히 모든 별빛이 우리에게 닿을 수 있을 테니까요. 물론 거리가 멀어지면 각 별빛은 더 어둡게 보이겠지만, 동시에 더 먼 우주를 보면서 그 넓은 부피 안에 들어오는 별의 수도 많아지는 효과가 있습니다. 따라서 이 두 가지 효과를 모두 고려하면 가까운 거리에 놓인 별들의 전체 밝기의 합과 먼 거리에 놓인 별들의 전체 밝기의 합은 큰 차이가 없어야 합니다.

정말 우주가 무한한 세월 동안 존재했다면 우린 지금처럼 깜깜한 우주가 아닌 눈부시게 빛나는 우주를 볼 수 있어야 합니다. 18세기 독일의 천문학자 하인리히 올베르스가 바로 이 위대한 질문을 처음으로 던졌습니다. "밤하늘은 왜 어두운가?" 그의 질문은 얼핏 단순하고 유치해 보이지만 인류가 그 질문을 완벽하게 설명하기까지 무려 200년 가까운 시간이 걸렸습니다.

바로 이 질문을 가장 명확하게 해결해준 것이 '빅뱅 이론'입니다. 빅뱅 이론의 핵심은 우주에 '빅뱅'이라는 특정한 시작 순간이 있었다는 겁니다. 빅뱅 이후 우주는 빠르지만 고르게 팽창했습니다. 우주의 시공간 자체가 넓어지면서 우주 속 은하들 사이의 거리도 계속 멀어지고 있습니다. 은하들이 멀어지는 속도와 각 은하까지의 거리를 비교하면, 지금의 스케일까지 우주가 얼마나 오랜 세월 팽창해왔는지를 알 수 있습니다. 즉, 빅뱅부터 오늘날까지 흘러온 시간, 우주의 나이를 잴 수 있게 됩니다. 현재 천문학자들이 추정하길, 우주는 약 138억 년 전에 탄생했다고 합니다.

이렇게 시공간이 넓어지는 과정에서도 우주는 마냥 흩어지지 않았습니다. 태초에 존재했던 우주 속 암흑물질은 서로의 중력에 이끌려 조금씩 뭉쳐졌습니다. 이렇게 반죽된 암흑물질의 거대 구조는 이후 주변의 가스 물질을 더 강한 중력으로 끌어모으는 역할을 했습니다. 그리고 바로 그곳에서 은하가 하나둘 탄생했습니다. 초기 우주에서 처음 반죽된 암흑물질 덩어리들은 이후 은하가 피어나는 씨앗이 된 셈입니다.

우리가 빛을 통해 볼 수 있는 우주의 가장 먼 과거의 모습은 138억 년 전의 우주입니다. 그보다 더 먼 과거, 200억 년 전, 300억 년 전의 우주는 볼 수 없습니다. 애초에 그런 우주는 존재하지 않기 때문입니다.

우리는 시간이 한쪽 방향으로 흐르며, 항상 어떤 결과가 나오기 위해선 그 이전의 원인이 있어야 한다는 인과관계에 익숙하여 이런 질문을 던지곤 합니다. 하지만 이에 대해 천문학과 물리학은 아무런 답을 해줄 수 없습니다. 빅뱅은 우주 역사상 유일하게 어제가 없는 날이기 때문입니다. 빅뱅에게는 어제란 정의되지 않는 시간입니다. 빅뱅이 있기 전의 과거를 묻는 것은 남극점에 가서 그곳보다 더 남쪽이 어디인가를 묻는 것과 같습니다. 빅뱅보다 과거, 남극점보다 더 남쪽, 이런 것은 존재하지도 정의되지도 않습니다.

아마도 질문한 분께서는 아무런 생각 없이 '관측할 수 있는 모든 천체 현상'을 설명하는 이론이 무엇인지 물어봤을지도 모릅니다. 그리고 실제로는 단순히 '관측 가능한 우주만 설명하는 지금의 빅뱅 이론'을 넘어 더 특별한 궁극의 이론에 대해 묻고 싶었는지도 모르겠습니다. 하지만 스스로가 아무런 생각 없이 남긴 '관측할 수 있는'이라는 제약 조건은 아주 교묘하면서도 중요한 부분입니다. 인류의 천문학은 그동안도 그래왔고, 지금도 그러고 있으며, 앞으로도 어김없이 '관측할 수 있는' 우주에 대해서만 아름다운 서사시를 들려줄 겁니다.

Q2 제임스 웹 망원경의 관측 결과 때문에 지금까지 우리가 진실이라고 믿었던 과학 이론이 흔들린다거나, 새롭게 제기되는 다른 주장이 있는지 궁금합니다.
-dv7u*

제임스 웹이 기존의 과학 이론에 어떤 위기를 가져다줄 수 있는지를 생각해보려면 제임스 웹이 있기 전과 후, 우주 관측에서 어떤 차이가 있는지 생각해봐야 합니다. 가장 큰 차이는 기존의 허블 우주망원경과 같은 관측보다 훨씬 더 먼 우주까지 볼 수 있다는 겁니다. 그리고 바로 이 사소해 보이는 차이가 최근 다양한 논란을 일으키고 있습니다.

오늘날 천문학자들은 우주의 진화를 작동하게 하는 중요한 요소로 크게 두 가지를 꼽습니다. 우선 암흑물질이 있습니다. 암흑물질은 일반적인 원자처럼 빛과 상호작용하지 않습니다. 오직 질량, 중력으로만 존재를 과시합니다. 암흑물질은 여전히 정체를 모르지만, 어쨌든 물질로서 중력으로 모이는 존재입니다. 우주에 암흑물질이 더 많다면 우주 팽창은 더뎌집니다.

우주를 구성하는 두 번째 요소는 암흑에너지입니다. 암흑에너지는 반대로 중력에 반(反)하는 팽창 에너지입니다. 우주에 암흑에너지가 더 많아지면 우주 팽창은 더 빨라집니다. 현재 천문학자들은 우주의 전체 물질과 에너지에서 암흑물질이 약 25%, 암흑에너지가 70%를 차지한다고 생각합니다. 우리에게 익숙한 별과 행성, 가스 구름, 우리의 몸과 같은 원자로 이루어진 일반 물질은 우주에서 고작 4~5%에 불과합니다.

천문학에서는 이렇게 우주를 구성한 모델을 ΛCDM(람다씨디엠) 모델이라고 부릅니다. Λ는 암흑에너지를 의미하는 우주 상수를, CDM은 Cold Dark Matter, 즉 중력으로 뭉쳐질 수 있는 차가운 암흑물질을 의미합니다.

ΛCDM 모델은 제임스 웹 이전까지 우주를 잘 설명해왔습니다. 관측과 시뮬레이션 속에서 ΛCDM 모델은 잘 작동했습니다. 그런데 최근 제임스 웹 관측으로 기존에 보지 못했던 더 먼 우주를 관측하게 되면서 몇 가지 문제가 발생하고 있습니다.

대표적으로 130억 년 전의 우주에서, 그 먼 과거의 은하 치고는 상당히 무거운 질량을 가진 은하들이 발견된 것입니다. 이 은하들은 빅뱅 이후 10억 년도 채 지나지 않았을 때 존재한 은하들입니다. 그런데 이들은 태양 질량의 무려 수천만~수억 배의 질량을 가진 것으로 보입니다. ΛCDM 모델을 통해 우주의 팽창과 그 속에서 은하들의 성장이 얼마나 빨랐을지를 알 수 있습니다. 그런데 기존의 모델로는 10억 년도 안 되는 (천문학적으로) 짧은 세월 안에 이 육중한 질량까지 성장할 수 없습니다. 우리가 아직 알지 못하는 은하들의 급격한 폭풍 성장 과정이 있었다거나, 우주가 실은 훨씬 오래전부터 존재했다는 믿기 힘든 가정을 고민하게 합니다.

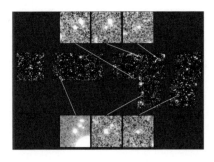

제임스 웹으로 발견된 '존재할 수 없을 정도로' 무거운 은하 6개의 모습. 이들 모두 130억 년 전에 존재한 원시 은하들이다. 하지만 태양 질량의 수천만~수억 배에 달하는 육중한 질량을 가진 것으로 보인다.

한편 제임스 웹은 보다 선명한 눈을 가지고 있다 보니 초기 우주에 숨어 있던 희미한 은하들의 세부 구조와 형태도 분간하고 있습니다. 오랫동안 천문학자들은 130억 년 전의 먼 과거 우주라면, 은하들이 아직 뚜렷한 나선팔과 같은 구조를 만들지 못했을 거라 생각했습니다. 그저 이제 막 반죽된 작고 둥근 왜소은하들만 존재할 거라 여겼습니다. 그런데 제임스 웹은 초기 우주에서 예상보다 많은 나선 은하들을 발견하고 있습니다. 10억 년도 채 안 되는 짧은 세월 안에 이미 은하들은 꽤 그럴듯한 형태를 잘 갖춘 것으로 보입니다. 이러한 발견으로 인해 우리는 마치 시대를 어긋난 유물, 오파츠(Out-of-place Artifacts)를 발견한 것처럼 혼란스럽습니다.

물론 이런 발견을 접할 때 오해해선 안 되는 중요한 점이 있습니다. 아직은 이러한 발견이 빅뱅 이론 자체를 부정하는 건 아니란 겁니다. 여전히 제임스 웹의 발견도 우주에 특정한 시점이 있었고, 그로부터 우주가 팽창하면서 성장하고 있다는 빅뱅 이론의 큰 틀을 훼손하지는 않습니다. 단지 정확한 빅뱅의 시점이 언제인지, 팽창 속도는 지금보다 더 빨랐을지 느렸을지에 대해 의문을 제기하는 발견들이라 볼 수 있습니다.

과학철학자 토마스 쿤(Thomas Kuhn)은 과학의 역사가 혁명의 역사라고 말했습니다. 특히 과거에는 접할 수 없었던 새로운 실험, 새로운 관측 결과들이 과학 혁명의 기폭제가 된다고 이야기했죠. 이러한 역사는 수천 년 전부터 지금까지 반복되고 있습니다. 17세기 처음으로 작은 망원경을 통해 하늘을 바라봤던 갈릴레오의 발견이 비좁은 우주의 중심에 박혀 있던 지구를 태양 주변으로 쫓아냈듯이, 지금의 혼란스러운 발견들 역시 21세기 제임스 웹 우주망원경이 다음 세대를 위한 혁명의 발판을 하나하나 마련해가는 과정이라고 생각합니다.

Q3 암흑물질이나 암흑에너지가 눈에 보이지 않는 이유를 설명하는 가설이나 이론이 있다면 소개해주세요.
-ehd***

먼저 짚고 넘어갈 한 가지가 있습니다. 많은 사람이 암흑물질과 암흑에너지를 이름 때문에 혼동하는 경우가 많습니다. 둘 다 암흑이 들어가다 보니, 항상 같은 기준으로 비교하곤 합니다. 하지만 그렇지 않습니다.

암흑물질은 말 그대로 '무언가 물질로서 존재하는 것'입니다. 단지 빛, 전자기파와 상호작용을 (거의) 하지 않다 보니 일반적인 빛을 보는 관측으로는 볼 수 없는 물질일 뿐입니다.

반면에 암흑에너지는 물질로서 존재한다기보다는 우주의 팽창을 더 빠르게 가속시키는 에너지일 뿐입니다. 원래 에너지는 시각적으로 볼 수 있는 대상이 아닙니다. 암흑에너지뿐만 아니라 모든 종류의 에너지가 다 그렇습니다. 우린 높은 곳에 놓여 있는 물체의 '위치 에너지'라는 걸 시각적으로 볼 수 없습니다. 빠르게 움직이는 물체의 '운동 에너지' 역시 시각적으로 볼 수 없습니다. 단지 얼마큼의 에너지를 가졌는지에 따라 나타나는 물리적 현상을 볼 뿐입니다. 마찬가지입니다. 암흑에너지도 에너지이기 때문에 그것을 시각적으로 확인하는 건 애초에 불필요합니다. 단지 우리는 암흑에너지 때문에 우주 팽창이 점점 빨라지고 있다는 그 물리적 현상만 볼 뿐입니다.

정리하자면 '암흑물질을 왜 눈으로 볼 수 없는가'라는 질문은 유효합니다. 그리고 지금까지도 천문학자들이 던지는 질문입니다. 하지만 암흑에너지에 대해선 그런 질문이 통하지 않습니다. '암흑에너지의 정체가 무엇인가' 하고 고민할 수는 있지만, 암흑에너지는 왜 눈으로 볼 수 없는가 하는 질문은 의미가 없습니다. 애초에 암흑에너지를 비롯해 모든 에너지는 시각적으로 볼 수 있는 대상이 아니기 때문입니다.

질문을 과학적으로 더 유효한 방향으로 정리했으니, 이제 본격적으로 답을 고민해볼게요. 암흑물질은 대체 무엇이길래 빛과 상호작용을 하지 않는 걸까? 사실 이와 비슷하게 다른 물질과 거의 상호작용하지 않고 흔적도 남기지 않는 존재가 또 있습니다. '중성미자'입니다. 중성미자는 질량이 아주 가볍고, 거의 빛의 속도로 날아다니는 입자입니다. 그래서 대부분 물질을 그대로 뚫고 지나갑니다. 지금 이 순간에도 우리의 눈동자만 한 좁은 면적 안에 1초 동안 수십억 개의 중성미자가 지나갑니다. 지구 바깥에서 날아온 중성미자들은 지구를 통째로 관통해 반대편 우주로 날아갑니다. 중성미자에겐 우주가 사실상 거의 투명한 세계일 겁니다.

하지만 아주 가끔씩 중성미자도 흔적을 남기기는 합니다. 특히 얼음이나 물속처럼 밀도가 더 높은 환경이라면 흔적을 더 많이 남겨요. 빠른 속도로 날아온 중성미자가 물 분자를 때리면 물 분자에서 전자가 빠르게 튀어나옵니다. 그런데 물속에서는 진공에 비해 빛의 속도가 느려집니다. 덕분에 물속에서는 오히려 전자가 빛보다 빨라질 수도 있습니다. 이 과정에서 물속에 푸르스름한 빛이 퍼집니다. 마치 비행기가 음속을 돌파할 때 내는 큰 소음인 소닉붐이 생기는 것처럼, 일종의 빛 버전 소닉붐이라고 볼 수 있습니다. 이러한 현상을 '체렌코프 복사(Cherenkov Radiation)'라고 합니다. 우리가 원자로에서 볼 수 있는 푸르스름한 빛도 같은 원리입니다.

물리학자들은 바로 이 현상을 활용해 중성미자를 포착합니다. 대표적으로 일본에 있는 슈퍼-카미오칸데 검출기가 있습니다. 지하 1km 깊이에 거대한 수조를 만들고 그 안에 50kt(킬로톤)의 물을 가득 채워 넣었습니다. 수조는 바닥부터 사방의 벽, 천장까지 모두 수많은 구슬 모양의 검출기로 덮여 있습니다. 물론 중성미자는 워낙 상호작용을 하지 않는 존재이다 보니, 탱크 속의 물 분자를 건드리는 확률도 아주 낮습니다. 10억분의 1의 확률로 상호작용을 합니다. 다만 수많은 중성미자가 쏟아지기 때문에 검출 자체는 충분히 가능합니다.

이처럼 거의 다른 물질과 상호작용하지 않는다는 점 때문에 오랫동안 천문학자들은 암흑물질을 구성하는 입자가 중성미자의 사촌 관계쯤 되는 또 다른 입자가 아닐까 생각했습니다. 하지만 문제가 있습니다. 중성미자는 너무 가볍습니다. 반면 암흑물질은 강한 중력을 행사합니다. 만약 암흑물질이 정말 중성미자 비슷한 무언가라면, 아주 무거운 버전의 중성미자여야 합니다. 하지만 지금의 입자물리학에서 이야기하는 표준 모형에서 이런 입자는 존재하지 않습니다.

그래서 물리학자들은 다른 가상의 입자를 떠올립니다. 대표적으로 WIMP라는 것이 있습니다. 풀어 쓰면 Weak Interacting Massive Particle, 즉 아주 약하게 상호작용하는 무거운 입자라는 뜻이에요. WIMP는 실제 그 존재가 확인된 입자는 아닙니다. 대신 암흑물질이라면 자고로 이런 성질이 있어야 한다는 뜻에서 물리학적으로 가정한 개념입니다. 우주에 있는 모든 물질은 그에 반대되는 반물질이라는 짝을 두고 있습니다. 그리고 물질과 반물질이 만나 충돌하면 전체 질량이 사라지면서 그대로 에너지로 전환됩니다. 아인슈타인의 유명한 공식, $E=mc^2$에서 물질과 반물질의 전체 질량 m이 모두 에너지 E로 전환되는 겁니다. 그만큼 아주 막대한 에너지가 나올 수 있습니다. 이를 쌍소멸(Annihilation)이라고 합니다. 나와 똑같이 생긴 도플갱어를 만나 서로 접촉하면 모두 '뿅' 하고 사라진다고 이야기하는 도시 전설이 바로 이 반물질의 개념에서 나온 이야기입니다. 물리학자들은 암흑물질도 결국 입자로 구성된 물질이라면, 똑같이 반물질에 해당하는 것도 있으리라 생각합니다. 그리고 암흑물질에서도 물질과 반물질이 만나 쌍소멸하면서 에너지가 나오는 기작이 있을 거라 생각합니다.

정말로 암흑물질끼리의 쌍소멸이 벌어지고 있다면, 특히 암흑물질이 더 바글바글 높은 밀도로 모여 있는 환경에서 자주 벌어지고 있을 겁니다. 그만큼 물질과 반물질의 충돌이 빈번할 테니까요. 예를 들면 우리 은하 중심의 거대한 블랙홀 주변에서 가능합니다. 실제로 2010년대 천문학자들은 페르미 감마선 우주망원경으로 우리 은하 중심부를 관측했습니다. 단순히 일반적인 별과 가스 구름, 블랙홀의 활동만으로 예상되는 감마선을 넘어 설명되지 않는 추가 감마선이 새어 나오고 있는지를 확인했지요. 만약 이런 감마선 초과(Gamma-ray Excess)가 확인된다면, 이것은 우리 은하 중심에 높은 밀도로 모여 있는 암흑물질끼리의 쌍소멸로 인해 나온 에너지일 수도 있기 때문입니다. 하지만 아쉽게도 당시의 관측에서는 뚜렷한 감마선 초과를 확인할 수 없었습니다. 암흑물질끼리의 쌍소멸이 훨씬 드물게 벌어지는 건지, WIMP도 암흑물질의 적합한 모델이 아닌 건지 아직은 말하기 어렵습니다.

천문학자로서 반쯤 농담 섞인 비겁한 답변을 드리자면, 결국 암흑물질의 정체를 밝혀내는 건 천문학자가 아닌 입자물리학자에게 주어진 과제라고 생각합니다. 우리 천문학자들은 무언가 우주의 중력을 설명하기 위해, 눈으로는 볼 수 없고 빛도 내지 않지만 분명 중력이 작용하고 있는 미지의 물질이 추가로 필요하다는 것을 제시했을 뿐입니다. 그리고 사실 천문학자로서 해줄 수 있는 역할은 여기까지입니다. 이제 그 미지의 물질이 대체 무엇인지를 알아내는 건 직접 입자들을 갖고 실험할 수 있는 입자물리학자들이 마무리해야 할 과제이지요. 암흑물질의 정체가 궁금하다면, 천문학자보다는 입자물리학자 분들을 더 괴롭혀보면 어떨까요?

Q4 '우주 관측은 과거를 보는 것'이라는 말은 무슨 뜻인가요?

-Kiy***

우리가 별을 본다고 할 때 사실 여기에는 중요한 단어 하나가 숨어 있습니다. 별'빛'을 본다는 겁니다. 우리가 보는 건 사실 별 자체가 아니에요. 그 별에서 출발한 빛을 보는 겁니다. 빛은 우주에서 가장 빠릅니다. 1초 만에 30만 km, 지구를 일곱 바퀴하고도 절반을 더 돌 정도로 빠릅니다. 그런데 중요한 건 아무리 빠르다 한들 결국 빛도 유한한 속도가 있다는 겁니다. 그렇기에 이 거대한 우주의 입장에선 빛도 하염없이 느린 존재가 됩니다. 우주가 너무 크기 때문에 그 빠른 빛조차 우주를 가로지르려면 1년, 10년, 수억 년이 걸립니다.

이 일정하고 유한한 빛의 속도로 1년간 갈 수 있는 거리를 1광년이라고 합니다. 따라서 우리가 1광년 거리에 떨어진 별을 본다면, 사실 우리가 보는 건 지금의 모습이 아닌 1년 전의 모습을 뒤늦게 보는 것입니다. 1년 전 그 별을 떠났던 빛이 지난 1년간 우주 공간을 가로질러 이제 막 우리의 눈동자에 닿고 있는 겁니다. 100광년 거리의 별을 본다면 100년 전의 모습을, 1억 광년 거리의 별을 본다면 1억 년 전의 모습을 보는 겁니다. 그래서 천문학자들은 계속해서 더 거대한 망원경으로 더 멀리 떨어진 우주를 보려고 합니다. 단순히 멀리서 흐릿하게 보이는 우주를 더 예쁜 사진으로 찍기 위해서가 아닙니다. 먼 우주를 본다는 건 곧 오래전 지나가버린 실제 우주의 과거를 지금 이 지구에서 확인한다는 뜻이기 때문입니다.

이런 관측을 통해 130억 년 전 빅뱅 직후의 우주부터 비교적 최근의 우주에 이르기까지, 실제 관측 사진들을 보면 우주가 어떻게 변해왔는지 알 수 있습니다. 천문학에서는 이처럼 더 먼 우주를 볼수록 더 먼 과거를 되돌아볼 수 있다는 뜻에서, 이를 '룩백타임(Lookback Time) 효과'라고 부릅니다. 그리고 망원경을 과거의 우주를 보여주는 타임머신이라고 부르기도 합니다.

한 가지 재밌는 생각을 해볼까요? 태양계 바깥의 존재들에게 우리 지구가 지금 어떤 모습으로 비칠지 상상해봅시다. 그들 모두 지구에 반사된 태양 빛을 통해 지구의 존재를 알아차릴 겁니다. 수십, 수백 광년 거리에서 누군가 지구를 본다면 그들은 지금으로부터 수십, 수백 년 전에 지구를 떠나 날아온 빛을 보는 것입니다. 우리 은하에서 가장 가까운 이웃 안드로메다 은하까지만 해도 250만 광년 거리입니다. 따라서 안드로메다에 사는 외계인이 지금 지구를 본다면 그들은 지금의 지구가 아닌 250만 년 전 과거의 지구를 볼 겁니다. 그들은 지금 당장 지구에 얼마나 찬란한 문명이 존재하는지 전혀 알 수 없겠죠. 대신 이제 막 마그마의 바다가 식어가고 하나의 거대한 대륙이 갈라지고 있는 지구의 과거를 목격할 겁니다. 우주의 수많은 지적 존재들에게 비치고 있을 지구의 가장 흔한 모습은 거대한 대륙 위에서 고생물들이 뛰노는 모습일지도 모릅니다. 그렇기에 우주에서의 관측, 무언가를 본다는 것은 과거를 본다는 뜻입니다.

PART
2

과학으로 보는
세상만사

① 공간 이동은 실제로 가능할까?

제가 예전에 데이비드 크로넨버그 감독의 〈플라이The Fly〉(1986)라는 영화를 참 재미있게 봤습니다. 인간이 공간 이동하는 장치를 만들어요. 사람을 원자 단위로 분해한 뒤 원하는 위치에서 재조합한다는 내용인데, 충격적이었죠. 그런데 중간에 파리가 기계 안으로 들어오면서 문제가 발생해요. 아무튼 공간 이동하는 장치라니, 과학적으로 터무니없는 거겠죠?

1958년도에 만들어진 커트 뉴먼 감독의 〈플라이〉를 리메이크한 버전인데, 그 옛날에 그런 생각을 했다는 것이 신기하긴 합니다. 원자 전송기를 만드는 아이디어 자체가 원칙적으로 과학 이론에 어긋나느냐고 묻는다면 그렇진 않습니다.

사실 현재의 저를 구성하는 모든 것은 궁극적으로 원자들입니다. 각각의 원자들이 서로 만나 어떤 구조를 형성하느냐에 따라 생각하고, 느끼고, 반응하는 제가 만들어집니다. 만약에 저를 구성하는 원자들의 정확한 종류와 배열, 그리고 구조를 그린 설계도를 만들고 다른 곳으로 정보만 이동시켜 다시 완벽하게 똑같이 재조합한다면 제가 그 다른 곳으로 공간 이동했다고 볼 수도 있겠죠. 제 몸을 지금 이곳에서 모두 흩트리고는 다른 곳에서 다시 조합한다면 이동이 되고, 정보만을 옮겨서 새로운 원소들로 조합한다면 복제가 되겠죠. 그리고 그 재조합이 이뤄지는 곳까지의 이동 속도는 광속에 수렴할 수도 있습니다. 정보의 이동은 광속이 한계이니까요.

만약 제 몸을 이루는 원소 조합의 정확한 설계도가 만들어진다면 전송기에 파리 한 마리가 끼어든다고 해서 영화처럼 파리

의 특성을 가진 제가 만들어지진 않겠죠. 파리의 몸을 이루는 궁극적 단위도 제 몸을 이루는 원자들과 차이가 없을 테니까요. 또 이곳에서 분해한 원자를 직접 이동할 장소로

전송기로 공간 이동 중 기계 안으로 파리가 들어오고, 원치 않게 인간과 파리의 합성이 일어난다는 내용의 영화 〈플라이〉 포스터.

옮기지 않아도 문제없을 겁니다. 우주 어느 곳에서나 내 몸을 이루는 원자들은 충분히 존재할 테니까요. '우리는 별의 잔해'라는 시적 표현이 있는데 과학적으로 아예 근거가 없는 말이 아닙니다. 실제 인간의 몸도 우주를 구성하는 원소들이 모여 만들어진 겁니다.

문제는 물질이 똑같이 복제된다고 해서 의식이나 생각까지 옮겨 갈 수 있을까요?

이는 고민해볼 필요가 있습니다. 우리의 뇌 안에 있는 뉴런들은 전기 신호의 형태로 정보를 주고받습니다. 감정이나 창의성 등 인간의 모든 의식 활동은 이처럼 뉴런 사이의 전기적인 정보 전달로 이루어집니다. 뉴런과 뉴런을 연결하는 신경세포접합부

뉴런의 구조와 신경전달 방식

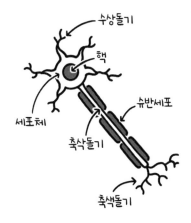

를 '시냅스'라고 부르는데, 이 구조를 통해 전기적 신호를 주고받아 다양한 정보를 받아들이고 저장하고 처리하지요. 한마디로 신경전달체계의 기본이 되는 뉴런은 각각 분리되어 있고 뉴런 사이의 정보 전달은 시냅스를 통해 이루어진다는 것입니다. 그렇다면 인간의 의식 역시 결국에는 몸속에 있는 원자들의 전자기적 반응이라고 볼 수 있고, 정밀한 기술만 갖춰진다면 복제할 수도 있다고 봐야겠지요. 물론 모두 이론적인 이야기일 뿐이지 현실적으로 가능하다는 건 아닙니다.

의학 기술이 점점 발전하면서 정말 뇌를 제외하고는 뭐든지 이식이 가능한 시대가 다가오고 있습니다. 그렇다면 어떤 신체 기관을 기준으로 사람을 구별해야 할까요? 현재는 우리의 생각, 기억, 감정, 경험의 물질적인 근간이 '뇌'라고 볼 수밖에 없는데요. 극단적으로 제 뇌를 정영진 씨의 몸에 연결하고 누구냐고 묻는다면 '물리학자 김범준'이라고 답하는 게 정답이겠죠. 하지만 이 이야기 역시 절대적으로 옳다고 볼 수 없는 게 최근에는 인간의 장기에도 신경세포가 존재한다는 연구 결과도 나오고 있습니다.

② SF영화에 나오는 기술 중 실제 가능한 건 뭘까?

SF영화를 보면 인간이 상상할 수 있는 신기한 기술들이 정말 많이 나오는데요. 현재 우리는 과학이 폭발적으로 발전하는 시대를 살고 있잖아요. 영화 속 과학 기술 중에서 정말 현실에서도 이루어질 수 있는 것들에 무엇이 있을까요?

〈스타워즈Star Wars〉 시리즈를 보면 눈앞에 현실처럼 어떤 인물이 나타나서 말과 행동을 하고 대화하는 장면이 나옵니다. 바로 '홀로그램Hologram'이라는 기술이에요. 그리스어로 '완전한'이라는 뜻의 'Holos'와 정보와 메시지를 뜻하는 'Gramma'의 합성어예요. 실물처럼 입체적으로 보이는 3차원 영상이나 이미지를 구현하는 겁니다. 이미 1948년에 영국 물리학자 데니스

가보르Dennis Gabor*가 빛의 간섭 현상을 이용한 홀로그래피 기술로 노벨 물리학상을 받았습니다. 우리 몸 밖의 모든 시각 정보는 결국 안구에 도달하는 전자기파에 담겨 있어요. 실제 현실에 대상이 없더라도 이 대상을 만들어서 우리 눈에 전달하는 전자기파를 정확히 똑같게 흉내 낼 수 있다면, 우리는 현실과 홀로그램 영상을 구별할 수 없습니다. 앞으로의 과제는 얼마나 현실과 똑같이 구현해내느냐 하는 문제인데, 처리해야 할 정보량이 엄청나서 아직은 부족한 부분이 많습니다. 하지만 컴퓨터의 정보 처리 기술이 충분히 발전한다면 머지않은 미래에 영화에서처럼 지구 반대편에 있는 사람과도 바로 눈앞에 있는 것처럼 교감할 수 있을지도 모릅니다.

---

* 데니스 가보르는 1971년 노벨 물리학상을 받은 헝가리 전기공학자이다. 1934년 영국 시민권을 얻어 대부분 인생을 영국에서 보냈다. 가보르는 전자 입력과 출력에 관한 연구에 집중했고, 이것이 홀로그래피 발명으로 이어졌다.

〈아이언맨 3Iron Man 3〉(2013)에서는 핵융합 원자로가 나옵니다. 바로 아이언맨의 가슴에 박혀 있는 아크 원자로인데요. 현재 이 핵융합 기술을 2050년경이면 상용화할 수 있다고 주장하는 사람들도 있습니다. 핵융합 에너지는 22세기 지구상에서 가장 중요한 에너지가 될 거라고들 말합니다. 지구온난화를 일으키는 이산화탄소를 배출하지 않고 자연 수준의 방사능을 배출하며 화석연료보다 싸기 때문입니다. 그래서 핵융합으로 전력을 생산하기 위한 연구가 지구촌 곳곳에서 활발히 진행되고 있죠.

하지만 아이언맨의 가슴에 박아 넣을 수 있을 만큼 소형화를 할 수 있느냐? 이건 다른 차원의 문제입니다. 핵융합 반응을 끌어내려면 1억 ℃라는 엄청난 고열이 필요하기 때문입니다. 지구상의 어떤 물질도 닿기만 하면 녹아버릴 수 있는 온도죠. 그래서 초고온의 플라스마Plasma(제4의 물질 상태)를 어디에도 닿지 않게

허공에 띄우기 위해 강한 자기장을 이용하기도 해요. 강한 자기장을 만들어내려면 또 엄청난 전류가 필요하죠. 결국 이런 모든 장비를 모아서 영화에서처럼 그렇게 소형화할 수 있을지는 사실 의문이기는 합니다.

시간 여행을 다루는 영화가 많은데 그중 대표작이라 하면 〈백 투 더 퓨처Back To The Future〉(1987)를 들 수 있습니다. 믿기지 않겠지만, 미래로의 시간 여행은 지금도 가능합니다. 엄밀하게 따지면 비행기를 타고 먼 거리를 갔다가 오면 가만히 있는 사람보다는 젊어진 겁니다. 사람이 느끼지 못할 극미한 차이겠지만요. 실제 얼마만큼 미래로 갔는지 과학적으로 계산도 가능합니다. 이는 빛의 속도는 언제나 동일하다는 '광속불변의 원리' 때문인데요. 이해하기 쉽게 말하자면, 움직이지 않는 물체와 빠른 속도로 움직이는 물체, 둘 다에서 광속이 같아지려면 움직이는 물체의 시간은 그만큼 더 늦게 흘러야 하는 거죠. 다음 그림을 한번 보세요. 움직이는 기차 안에 앉아 있는 사람인 본 빛이 한 번 위아래를 왕복하는 거리는 기차 밖에 가만히 서 있는 사람이 본 빛이 왕복하는 거리보다 짧아요. 그런데 광속은 두 사람에게 모두 똑같은 속도이고, 그리고 빛의 속도는 빛이 이동한 거리를 시간으로 나눈 것이어서, 결국 기차 밖 땅에 서 있는 사람이, 움직이는 기차 안에서 빛이 왕복하는 것을 보면 그 시간이 더 길어 보이게 됩니다.

움직이는 기차 안에서 본
빛의 경로

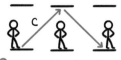

땅에 서 있는 사람이 본
움직이는 기차 안의 빛의 경로

빛이 움직인 거리가 다름

속도 = 거리/시간 = c   빛의 속도 c는 누가 봐도 같다.

🧍가 본 거리가🧍가 본 거리보다 짧다 ➡ 🧍가 잰 시간이🧍가 잰 시간보다 짧다.
따라서🧍가 움직이는 기차 안의 시계를 보면🧍가 본 시계보다 더 느리게 간다.

움직이는 물체의 시간이 더 느리게 간다는 것은 이처럼 광속이 일정하다는 사실만으로도 우리가 쉽게 이해할 수 있는 명확한 사실입니다. 실제 차량 내비게이션에 정보를 보내주는 GPS 위성은 시속 1만 4,000km의 빠른 속도로 궤도를 도는데, 특수상대성 이론의 효과로 지상보다 하루에 약 7.2마이크로초가량 시간이 느려진다고 합니다. 여기에 더해서 일반상대성 이론의 중력 차이에 따른 시간 차이도 생기죠. 이 두 효과에 따른 시간 차이를 반영해야 우리는 정확한 위치를 파악할 수 있죠

그런데 미래로의 시간 여행은 가능하지만 과거로 가는 것은

불가능하다고 으레 생각합니다. 일단 과거로 돌아가서 자신의 할아버지를 죽인다면 현재의 나는 어떻게 될 것인가, 하는 '할아버지의 역설Grandfather Paradox'이라는 논리적 모순부터 해결해야 하니까요. 할아버지를 죽인다면 나는 존재해서는 안 되잖아요.

> "나를 낳기 전에 할아버지를 죽인다면 어떻게 될까. 그래도 당신이 현재에 존재하게 될까. 존재하지 않는다면, 당신은 과거로 돌아가 할아버지를 죽일 수 없을 것이다."
> – 스티븐 호킹

〈터미네이터The Terminator〉(1984)에서는 미래에서 온 인조인간이 감옥의 창살이나 벽 같은 구조물을 마구 통과하면서 주인공을 쫓아다닙니다. 당연히 현실에서는 불가능한 일이라고 생각합니다. 하지만 이게 가능한 세상이 존재합니다. 어디일까요? 바로 미시세계입니다. 양자 단위의 미시세계에서는 '터널링 효과Tunnerling Effect'라는 것이 존재합니다. 예를 들어 우리는 벽을 스르륵 통과하지는 못합니다. 고전 역학의 세계에서는 물체가 가지고 있는 에너지보다 더 높은 에너지 장벽을 통과하는 것은 불가능합니다. 하지만 양자역학 세계의 입자는 마치 초능력을 발휘하는 것처럼 에너지 장벽을 통과하기도 합니다. 이는 전자 단위의 미시세계 입자들이 파동의 성질도 가지고 있기 때문인데요.

고전 역학의 고정관념을 벗어나지 못하는 관찰자에게는 마치 공간 이동을 하는 것처럼 보이는 거죠. 미시세계에서도 이런 현상이 확률적으로 나타나긴 하지만요.

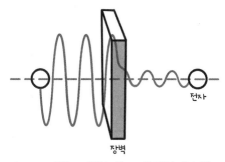

전자가 파동일 때 일부는 반사되고 일부는 투과된다.

〈엑스맨X-Men〉(2014)에 등장하는 초능력자 찰스 자비에 교수는 텔레파시 능력으로 타인의 마음을 읽고 생각을 전달하고 기억을 조작하거나 정신을 망가뜨리기도 합니다. 현재의 과학 기술 수준은 인간의 뇌파를 해석해서 어떤 감정 상태인지, 또는 무슨 생각을 하는지를 추정하는 정도이지 영화에서처럼 내 생각을 다른 사람에게 전달한다거나, 조정한다거나 하는 것은 불가능합니다. 물론 머리에 뇌파를 감지하는 송수신기를 부착한 사람들끼리 서로 통신하는 형태는 상상해볼 수 있겠네요.

하지만 아직은 뇌파를 해석하는 수준부터가 아주 초보적이거든요. 그리고 그냥 전화하면 되지 굳이 그렇게까지 남의 마음을 엿보거나 조종하려 들 필요가 있을까요? 대략 100년 전 사람들만 해도 우리가 스마트폰으로 통화하는 모습을 보면 아마도 텔레파시라고 생각하지 않을까요?

〈할로우 맨Hollow Man〉(2000)이나 〈인비저블맨The Invisible Man〉(2020)처럼 투명인간 역시 영화에 자주 등장하는 단골 소재입니다. 종종 투명인간이 된다면 가장 하고 싶은 일이 뭐냐고 물어보기도 하는데요. 보이지 않는 인간이 되는 것은 흥미롭기도 하고 인간의 욕구를 여러 측면에서 자극하는 것 같습니다. 하지만 과학적으로 인간의 몸 전체를 투명하게 만드는 것은 여러모로 어렵습니다. 만약 가능하다고 해도 큰 문제가 있어요. 우리가 눈으로 무언가를 보려면 망막에 사물의 상像이 맺혀야 합니다. 그런데 정말로 몸 전체가 투명하다면 망막에 상이 맺힐 수가 없죠. 투명인간이 구현되어도 이 사람은 아무것도 볼 수가 없다는 말입니다. 간혹 망토로 몸을 가리면 뒤쪽 배경을 찍어서 앞에서 스크린으로 보여주는 듯한 기술을 볼 수는 있지만 아주 어설프죠. 또 메타물질*중에 굴절률이 굉장히 독특한 것들이 있거든요. 이런 물질로 몸을 감싸면 뒤쪽에서 오는 빛이 내 몸 주변을 굴절해서 지나가게 하는 효과가 있습니다. 그렇다고 해서 왜곡 없이 온전

* 메타물질은 영어로 'Metamaterial'이라고 하는데, 여기서 '메타'는 '초월하다, 넘어서다'라는 뜻을 가지고 있다. 자연계에서 관찰되지 않는 특성을 가진, 자연에서 찾아볼 수 없는 인공 신소재를 메타물질이라고 한다.

하게 투명해질 수는 없겠죠. 그래도 가능성을 따져본다면 특수 약물로 몸 자체를 투명하게 만드는 설정의 〈할로우 맨〉보다는 〈인비저블맨〉처럼 특수 렌즈를 이용하는 방법이 그나마 더 현실성이 있겠네요.

〈엑스 마키나Ex Machina〉(2015)라는 영화를 보면 '인간보다 매혹적인' 인공지능 로봇 에이바가 나옵니다. 에이바는 몸만 기계일 뿐 말투, 표정, 감정 등 모든 게 인간과 다를 바가 없지요. 하지만 누군가가 현재 기술로 감정을 가진 로봇을 만들 수 있냐고 묻는다면 질문의 전제부터 문제가 될 수 있습니다. 왜냐하면 아직 우리는 '감정'의 정체를 과학적으로 정의하지 못하거든요. 우리가 감정이라고 표현하는 것들은 사실 어떤 반응을 보고 규정하는 것이지, 그 반응을 불러일으킨 원인의 정체는 알 수 없습니다. 이렇게 아직 인간의 감정이 무언지도 정확하게 정의하지 못하는데 감정을 가진 로봇을 만들 수 있느냐고 묻는다면, 대답하기가 힘들죠. 하지만 특정 상황에서 특정 반응을 하는 인간 행위의 평균치를 인공지능에게 훈련시킬 수는 있겠죠. 이를 얼마나 잘 훈련시켰느냐를 시험하기 위해 고안된 기준이 튜링 테스트Turing Test입니다. 이 영화에서도 주인공 칼렙이 사내 추첨에 당첨되어 에이바를 창조한 네이든과 함께 에이바를 튜링 테스트하는 데 참가하게 되죠. 튜링 테스트는 1950년에 컴퓨터 과학과 인공지능 분야의 선구자 역할을 했던 천재 과학자 앨런 튜링이 제안했는데, 기계가 인간과 얼마나 비슷하게 대화할 수 있는지를 시험하는 것을 말합니다.

③ 왜 내기를 하자고 제안한 사람이 질까?

머피의 법칙이란 게 있잖아요. 이상하게 제가 먼저 내기하고 말을 꺼내면 번번이 지는 것 같아요. 이게 과학적으로 무슨 근거가 있는 겁니까?

저 또한 그런 경우가 있는데요. 참 신기합니다. 심리학에서는 우리가 손실과 이익을 똑같이 판단하는 게 아니라, 이익보다 손실을 더 크게 받아들이고 예민하게 반응한다고 합니다. 예를 들어 똑같이 만 원을 걸고 내기를 했다고 하더라도 만 원을 뺏기면 만 원을 얻었을 때보다 더 강하게 기억한다는 것이죠. 그래서 내기에 진 것만 기억에 남아 있기 때문에 생기는 심

리적 편향*일 가능성이 큽니다. 내기에서 항상 승률이 낮은 쪽
만 선택할 수 있는 특별한 능력이 있는 게 아니라면요.

인류의 진화 과정을 추론해봐도 왜 부정적 사건을 더 강하게
기억하는지를 알 수 있습니다. 원시 인류가 새로운 거주지에서
식용 가능한 식물을 찾는 과정을 떠올려봅시다. 낯선 열매들을
살펴보다가 먹어도 될 것 같은 외관을 가진 열매 하나를 따서 살
짝 맛을 봅니다. 운 좋게도 달콤한 맛이 느껴집니다. 그러면 그다
음에도 따 먹을 수 있게 기억해둡니다. 그러다가 다른 열매의 맛
을 봤는데 이번에는 쓴맛이 나며 혀가 얼얼해지고 복통에 시달
립니다. 이번에도 다음번에 실수하지 않기 위해 기억에 남겨둡니
다. 생존을 위해 어떤 기억을 더 오래 남겨둬야 할까요?

* 이를 '손실 회피 편향(Loss Aversion)'이라고 한다. 이익으로 얻는 기쁨보다 손실로 얻는 괴로
움이 더 크게 느껴지는 심리 상태를 말한다. 행동경제학자이자 심리학자인 아모스 트버스키
와 대니얼 카너먼이 실험을 통해 처음으로 입증했다. 이를 통해 주류 경제학에서 세운 합리적
경제인 가설이 틀렸음을 보여줬다. 트버스키는 불확실한 상황에서 사람은 비합리적으로 의사
결정을 한다고 주장했다.

먹을 수 있는 열매를 놓치는 것에 대한 위험은 기껏해야 배고 픔입니다. 다시 다른 열매를 찾으면 해결될 일입니다. 하지만 독이 든 열매를 먹는 실수를 한다면 생명에 위협을 받을 수 있겠지요. 부정적인 결과와 관련한 기억을 잊어버렸을 때 일어날 위험이 훨씬 큰 거죠. 그래서 인류의 뇌는 긍정적인 경험보다는 부정적인 경험을 훨씬 더 강하게 기억하는 쪽으로 진화했다고 설명할 수 있을 것 같아요.

④ 80℃의 사우나에서 사람이 어떻게 버틸까?

숨이 턱 막힐 정도로 뜨거운 사우나에서 막 30분씩 버티는 사람들 있잖아요? 저는 지구인으로 위장한 외계 초능력자가 아닐까 하는 상상을 해보기도 하는데요. 온도계를 보면 막 70℃, 80℃를 가리키던데 사람이 어떻게 버틸 수 있는 거죠?

사우나 안의 온도는 70~100℃ 사이입니다. 엄청나게 고온인데도 사람들은 사우나를 즐겨 찾습니다. 그런데 사우나실 안의 온도가 100℃라고 해서 그 안에 있는 사람의 피부 온도까지 100℃로 오르는 건 아닙니다. 열기를 느끼면 신체는 피부 온도를 낮추기 위해 땀을 배출합니다. 생물학에서는 이를 '항상성恒常性'이라고 부릅니다. 외부 환경의 변화에 대응하여 생명 현상이 정상적으로 일어날 수 있도록 몸의 상태를 일정하게 유지

하는 성질을 말합니다. 더울 때는 땀을 흘리고, 추울 때는 몸을
부르르 떨어서 체온을 올리려고 하는 것이지요.

물은 알다시피 기체, 고체, 액체 등 세 가지 상태로 존재하고,
투명한 성질을 가지고 있습니다. 우리 몸의 70%를 구성하는 것
도 물이고, 지구 표면적의 70%를 덮고 있는 것도 물입니다. 생
명이 탄생하기 위해 가장 필요한 요소 역시 물이어서, 우리가 생
명이 있는 천체를 찾기 위해 가장 먼저 조사하는 것도 물이 존
재하는지 여부입니다.

이런 물이 가진 굉장히 독특한 특성 가운데 하나가 기체 상태
로 변할 때 많은 에너지가 필요하다는 점입니다. 굉장히 높은 온
도의 사우나 안에서도 뜨거운 공기에 있는 열에너지의 대부분
이 피부 표면에 있는 땀을 기체로 바꾸는 과정에 쓰입니다. 그래
서 사람은 정상 체온을 유지할 수 있습니다. 대개 물은 100℃에

서만 기화하는 것으로 잘못 알고 있는 경우가 많은데, 그렇지 않아요. 액체 안의 물 분자 중 빠른 속도를 가진 분자들이 공기 중으로 뛰쳐나갈 수 있기 때문입니다. 결국 물이 증발하는 과정에서 속도가 빠른 분자들만 뛰쳐나가서, 남아 있는 분자들은 속도가 느린 것들이고, 결국 물이 증발하면서 물속 분자들의 운동 에너지가 줄어듭니다. 열역학에서는 분자들의 평균 운동 에너지가 온도를 결정해요. 결국 물이 증발하면 물의 온도가 낮아지는 것이죠. 뜨거운 음료수를 마실 때 후후 입으로 바람을 부는 것도 정확히 같은 이유죠.

액체 상태인 물이 기화하는 양은 온도에 따라 달라져요. 온도가 올라가면 물이 수증기로 더 많이 변하고, 온도가 내려가면 대기 중의 수증기가 다시 액체인 물로 돌아옵니다. 낮에 증발했던

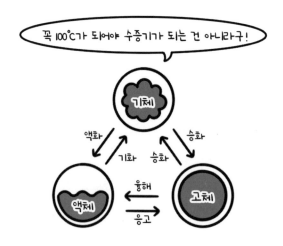

144 ·

수증기가 온도가 낮아진 새벽에는 다시 물방울로 뭉쳐 이슬이 되는 이유죠. 그리고 해가 떠오르면서 온도가 올라감에 따라 아침 안개가 사라지는 것도 마찬가지죠. 안개 속의 작은 물방울들이 기화해서 우리 눈에 보이지 않는 수증기가 되기 때문입니다.

여름에는 대기 중의 열에너지가 물을 기화시켜 대개 습도가 높습니다. 겨울에는 차가운 기온이 대기 중의 수증기를 다시 물로 만들어 건조한 날이 많죠. 우리가 특히 겨울에 열심히 가습기를 켜놓는 이유입니다. 여름철에 대기 중의 상대 습도가 100에 가까워지면 피부의 땀이 잘 기화하지 못해서 더 덥게 느껴지고 불쾌감이 올라갑니다. 땀이 기화해야 체온이 내려가는데, 대기가 더 이상 수증기를 기체 상태로 가지고 있을 수 없으니 땀이 증발하지 않아 체온도 내려가지 않습니다. 이를 공식화해서 발표하는 것이 바로 불쾌지수입니다.

옛날 어른들이 제사를 치를 때와 같은 엄숙한 자리에서 침을 묻힌 손가락으로 촛불을 비벼 끄는 경우를 볼 수 있었는데요. 촛불의 열기가 품고 있는 에너지를 침이 기화하는 데 사용하면서 사람이 뜨거움을 느끼기 전에 불이 꺼지는 거죠. 그렇다고 함부로 시도하지는 마세요. 침이 다 기화할 때까지 비벼 끄지 못하고 머뭇거리다가는 화상을 입을 수도 있으니까요.

5 깃털과 망치가 정말 동시에 떨어질까?

학교 다닐 때 진공 상태에서는 무게와 상관없이 떨어지는 속도가 일정하다고 배웠는데요. 그렇다면, 예를 들어 볼링공하고 새 깃털을 높은 곳에서 떨어뜨려도 바닥에 동시에 닿는다는 이야기잖아요? 솔직히 아무리 생각해도 무거운 게 당연히 빨리 떨어질 것 같은데… 잘 믿기지가 않네요.

이걸 가장 먼저 밝힌 사람이 갈릴레오 갈릴레이Galileo Galilei입니다. 언뜻 생각해보면 잘 믿기지 않는 게 당연한데요. 이제 갈릴레오가 어떤 사고실험을 통해 이런 발견을 했는지 한번 그의 머릿속으로 들어가 볼까요.

우선 우리가 경험적으로 오해하는 것이 있는데, '무거운 게 빨리 떨어진다'입니다. 일단 무거운 게 빨리 떨어진다고 가정해봅시다. 무거운 돌덩이를 아래에 두고 가벼운 돌덩이를 위쪽에 둔다음 이 두 돌덩이를 실로 묶습니다. 이제 한 덩어리가 된 두 돌덩이의 전체 무게는 독립적으로 존재할 때보다 더 무거워졌죠? 가정에 따라서, 실로 연결된 두 돌덩이는 더 무거워졌으므로 연결하기 전보다 함께 더 빨리 떨어지게 됩니다. 즉, 첫 번째 결론은 아래에 놓은 무거운 돌덩이의 속도가 실로 연결하면 더 늘어난다는 것이죠.

하지만 무거운 물체가 더 빨리 떨어진다는 가정을 유지하면, 아래에 있는 물체보다 더 늦게 떨어지는 위쪽의 가벼운 물체는 오히려 아래에 있는 물체의 낙하 속도를 방해하게 됩니다. 그래서 실로 연결하면 아래에 있는 무거운 돌덩이가 연결하기 전보다 더 느리게 떨어진다는 두 번째 결론을 얻게 됩니다. 앞의 결론과 모순되죠.

이 모순을 해결할 수 있는 결론은 하나밖에 없습니다. 두 물체는 무게와 상관없이 같은 속도로 떨어져야 합니다. 대개 갈릴레오가 피사의 사탑에서 실제로 낙하 실험을 해서 이 원리를 발견한 것으로 알려져 있는데, 실제는 이런 사고실험을 통해서였습니다. 머릿속에서 생각으로 진행한다고 해서 생각실험 혹은 사고실험이라고 하죠. 물론 어디선가 실험을 해서 결과를 확인했겠죠. 저는 갈릴레오가 확신을 가지고 실험에 나섰을 거라고 생각합니다. 사고실험의 결론은 너무 명확하니까요.

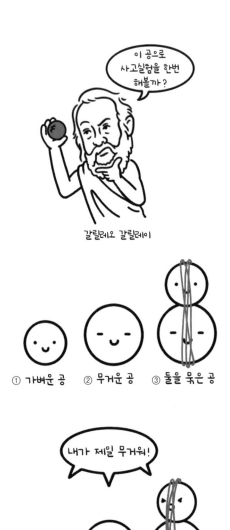

무거울수록 빨리 떨어진다면,
이 셋 중 가장 빨리 떨어지는 것은 둘을 묶은 공일까?

떨어지는 순서: ② 무거운 공 〉③ 같이 묶여 있는 공 〉① 가벼운 공

갈릴레오의 낙하 실험을 하기에 가장 완벽한 장소는 어디일까요?

가벼운 깃털이 늦게 떨어진다고? 그렇지 공기가 방해해서 그래. 공기가 없는 진공 상태에서 떨어뜨리면 동시에 떨어져.

나 먼저 간다~

지구에는 대기가 존재해서 어떤 물체이든 공기 저항에서 완전히 자유로울 수가 없습니다. 진공 상태로 중력이 존재하는 곳 중 우리가 갈 수 있는 곳이 어디일까요? 벌써 눈치챘겠지만 바로 달입니다. 달은 지구와 비교해서 대략 6분의 1 정도 크기지만 엄연히 중력이 존재합니다.

1971년 아폴로 15호를 타고 달을 향해 출발하기로 한 우주인들도 같은 생각을 했습니다. 그래서 특별히 이 실험을 위해 우주선에 깃털과 망치를 싣고 가서 실제 낙하 실험을 하고 영상을 남겼어요. 과연 그 결과는 어떻게 되었을까요? 지금 당장 인터넷 검색을 통해 손쉽게 영상을 찾아서 확인해볼 수 있습니다.

⑥ 우리는 혹시 시뮬레이션 세상을 사는 건 아닐까?

─────────────────────────────────────── +

일론 머스크가 나온 영상을 우연히 봤는데, 그는 우리가 사는 세상이 시뮬레이션일 확률이 99%라고 말하더군요. 정말 과학적으로도 가능한 이야기입니까?

충분히 가능한 가정입니다. 현재 과학 기술이 발전하는 속도가 굉장히 빠르거든요. 과학 기술의 발전은 일정한 속도로 일어나는 것이 아니라 기하급수적입니다. 그런데 지금처럼 점점 더 빠르게 과학 기술이 발전한다면 1만 년 뒤의 인류가 어떤 과학 기술 수준에 도달해 있을지는 상상조차 쉽지 않습니다. 그러면 당연히 현실의 세상 전체를 구현하는 컴퓨터 시뮬레이션을 완성할 가능성도 무척 큽니다.

현재 우리가 미래의 누군가가 만들어놓은 컴퓨터 시뮬레이션 세상 속에서 살아가고 있을 가능성도 저는 제로가 아니라고 봅니다. 그렇다고 그렇게 믿는 건 아니지만요. 순수하게 과학적으로 따져본다면 가능성이 전혀 없는 얘기는 아니라는 거죠.

일론 머스크

손가락을 바늘로 찌르면 당연히 아픔을 느낍니다. 그런데 이때 손가락 자체가 아픔을 느끼는 것은 아닙니다. 뇌로 전해지는 전기적인 형태의 신경 자극을 통해 우리는 통증을 느낍니다. 손가락이 느끼는 모든 감각 역시 마찬가지 방식이니까, 지금 제 손가락이 현실로 존재하는지는 확신할 수 없지요. 이런 식으로 인간이 경험하는 모든 감정과 고통 같은 것들이 결국은 미시적으로 전기 시그널(신호)의 형태로 이루어지죠. 그래서 궁극적으로는 전기 시그널만으로 생각하고 느끼는 존재를 만들어낼 가능성이 존재할 수 있다는 겁니다.

우주의 궁극적인 본질은 입자가 아니라 정보다.

제임스 글릭

인간이 경험하고 느끼는 세상이 뇌로 전해지는 정보를 처리한 결과일 뿐이라고 생각하면 전기 신호만 아주 정교하게 만들어준다면 우리가 현실을 살아간다고 착각하게 만들 수 있죠. 교통사고를 당해서 사지가 절단된 분이 존재하지 않는 팔의 고통을 느끼기도 합니다. 아무것도 먹지 않았는데 포만감을 느끼게 할 수도 있죠. 〈매트릭스Matrix〉(1999)란 영화를 보면 인간을 캡슐에 담아놓고 뇌에 자극만을 주어 실제 세상을 살아가는 것처럼 느끼게 합니다.

암울하고 불행한 실제 현실에서 살 것이냐? 착각이긴 하지만 완벽하게 현실처럼 느껴지는 행복한 시뮬레이션 세상 속에서 살 것이냐? 영화에서는 주인공에게 빨간색과 파란색 알약을 주면서 선택하게 합니다. 어떤 선택을 하는 게 맞을까요?

〈매트릭스〉 속 빨간 약과 파란 약, 당신의 선택은?

⑦ 금을 만들 수 있을까?

금을 만드는 건 인류가 오랜 세월 꿈꿔왔던 기술이잖아요. 연금술사란 말도 있고요. 그런데 지금은 얼마나 과학이 발달했습니까? 원자 구조 같은 건 이미 다 파악했을 텐데, 금을 인공적으로 만들 수는 없나요?

옛날에는 특정 물질에 어떤 화학 반응을 일으키면 금을 만들 수 있을 거라고 오해했던 것 같아요. 그런데 금이라는 원소를 만들려면 단순히 화학 반응만을 일으켜서는 안 되고 원자핵 구성 자체를 바꿔야 합니다. 실제로 현재 금을 만들 수는 있어요. 입자가속기* 안에서 수은을 베릴륨과 충돌시키면 수은

---

* 입자가속기는 물질의 미세 구조를 밝히기 위해 원자핵 또는 기본 입자를 가속, 충돌시키는 장치이다.

원자핵의 양성자 하나가 날아가면서 금으로 바뀝니다. 하지만 이렇게 원자핵 구성을 바꾸기 위해 투입해야 하는 비용이 너무 막대하고, 만들어지는 금의 양은 극미해서 수지타산이 맞지 않습니다. 금 1g을 만들려면 5,000년 이상 입자가속기를 가동해야만 한다는 계산도 있습니다.

동서양을 막론하고 몇천 년 전부터 연금술에 빠져든 천재들이 많죠. 고전 물리학의 아버지로 불리는 아이작 뉴턴 역시 물리학 연구보다는 오히려 금을 만드는 데 더 많은 시간을 보냈다고 합니다. 연금술에 빠져 밤새 연구실에 불이 꺼지지 않을 때가 많았다고 하죠. 이 사실을 아는 사람은 그리 많지 않지만요. 하지만 이러한 시도는 모두 불가능할 수밖에 없었습니다. 그래도 헛된 일은 아니었던 게 그들이 했던 이런저런 실험들이 쌓여 근대 화학이 발전할 수 있었습니다.

아이작 뉴턴

　금은 귀하고 비싸다는 것 말고도 특이한 성질이 많은 금속입니다. 반짝반짝 빛나는 황색의 광택이 아름답고요. 얇게 펴지는 성질인 전성展性이 금속 중에서 가장 뛰어납니다. 1만분의 1mm 이하 두께로도 압착할 수 있어서 손가락 크기의 금을 얇게 펴면 3층 높이의 건물을 뒤덮을 수 있을 정도죠. 그래서 거대한 불상이나 동상을 도금하는 데도 우리 생각만큼 어마어마한 비용이 들어가는 건 아닙니다. 전성뿐만 아니라 길게 늘어나는 연성延性 또한 커서 1g의 금을 최대한 3km까지 늘릴 수 있다고 합니다. 또 화학적으로 매우 안정된 상태여서 잘 녹슬지도 않고 다른 물질과 화학 반응을 쉽게 하지 않아 피부에 닿아도 안전하죠.

　심지어 금을 먹기도 합니다. 인류가 금을 먹은 역사는 고대 이집트 때부터 기록이 나올 정도로 오래됐습니다. 현재도 고급 일

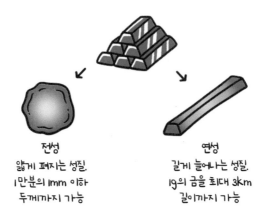

전성
얇게 펴지는 성질.
1만분의 1mm 이하
두께까지 가능

연성
길게 늘어나는 성질.
1g의 금을 최대 3km
길이까지 가능

식집에서 초밥이나 회 위에 뿌려 먹거나 우황청심환에 금박을 씌워 복용하기도 하죠. 식당의 인심에 그리 감격할 필요는 없어요. 금은 전성이 큰 금속이어서 사실 식당에서 큰돈을 쓴 게 전혀 아니라는 것을 쉽게 계산해볼 수 있어요. 실제 95% 이상의 순도를 가진 황금은 식품으로 분류돼 식용으로 판매할 수 있습니다. 이런저런 약효가 있다고 알려졌지만, 쉽게 화학 반응이 이루어지지 않는 금의 특성 때문에 건강에 도움을 주지도, 해를 주지도 않고 그저 소화기관을 통해서 배출될 뿐이죠. 쉽게 말해서 화려한 황금똥을 싸게 되겠죠.

⑧ 정말 나비의 날갯짓이 태풍을 불러올까?

2004년에 개봉한 〈나비 효과The Butterfly Effect〉라는 영화가 있는데요. 나비 효과는 중국 어디에서 나비 한 마리가 날갯짓하면 그 영향이 연쇄적으로 일어나 미국에서는 어마어마한 허리케인이 발생한다는 거잖아요. '이건 좀 오버 아닌가' 하는 생각이 드는데, 이게 현실적으로 일어나는 일입니까? 과학적으로 보면 어떤가요?

나비 효과는 과학적으로 명확하게 입증된 사실입니다. 초기의 아주 미세한 차이가 시간이 지나면서 결과적으로 대단히 큰 변화를 만들어내는 현상을 말합니다. 에드워드 로렌츠Edward Lorenz라는 미국의 기상학자가 날씨 예측이 힘든 이유를 고민하다가 생각해낸 원리입니다. 나비 효과를 설명하는 내용에는 여러 가지 버전이 존재하는데 나비가 아니라 기러기가 등장하기도 하고요. 장소도 텍사스나 뉴욕, 북경이 나오기도 합니다. 어쨌든 나비든 뭐든, 또는 장소가 어디든 그런 것은 중요한 게 아니고요. 나비 효과는 초기 조건의 차이가 미래를 정확히 예측하기 어렵게 만든다는 것이 핵심 내용입니다.

물론 실제로 특정한 나비 한 마리의 날갯짓이 태풍으로 이어질 확률은 '0'으로 수렴하겠죠. 하지만 자연계에서 발생한 결과를 추적하기 위해 모델을 만들고 초기 요소들의 값을 미세하게 조정하면 예측할 수 없는 결과로 이어지는 사례는 무수히 많습니다. 예를 들어 단순히 막대가 흔들리는 궤적을 계산하는 경우에도 중간에 관절 하나만 추가하면 처음 막대를 흔드는 힘의 극미한 변화에 따른 움직임의 차이가 예측이 불가능할 정도로 복잡해지거든요. 이를 카오스 현상이라고 부릅니다. '비선형동역학'이라는 물리학 분야의 연구 결과는 우리 자연계에서 이런 카오스 현상이 예외가 아니라, 보편적이라고 말합니다.

이렇게 미래를 예측하기 힘든 카오스 현상이 일어나는 이유가 지금 인류의 과학이 충분히 발달하지 못해서인지, 아니면 자연이 지닌 본질적인 속성인지 의문을 던져볼 수 있습니다. 현재 과학계의 합의는 자연 자체의 속성이라고 인정하는 것 같습니다. 그래서 인류가 앞으로 정말 똑똑해진다고 해서 미래에 무슨 일이 벌어질지 정확하게 예측할 수 있다고 생각하지는 않습니다. 그러니까 카오스 이론의 결론은 우리가 미래를 예측할 수 없다는 것을 증명한 거라고 이야기할 수도 있겠네요.

다만 나비 효과를 눈덩이 효과Snowball Effect와 혼동하는 경우가 많은데요. 눈덩이 효과는 산비탈 정상에서 작은 눈덩이를 굴리면 아래로 굴러 내려올수록 크기가 엄청나게 커지는 것처럼, 초기의 사소한 행위가 나중에 거대한 결과로 나타나는 현상을 말합니다. 하지만 나비 효과는 단순히 규모의 확대가 아니라 복잡계에서 발생하는 오차 범위의 확대로 전혀 다른 결과가 나타나는 현상을 가리키는 용어인 만큼 그 차이를 분명히 알고 사용하길 바랍니다.

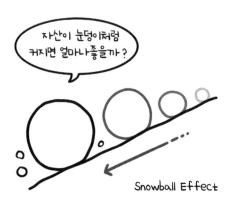

⑨ 〈테넷〉의 '인버전'은 과학적으로 가능할까?

〈테넷TENET〉(2020)이라는 영화를 보면 한쪽은 시간이 정방향으로 흐르고, 다른 한쪽은 역방향으로 거스르는데 이 두 현상이 기묘하게 한 공간에서 벌어지더라고요. 과학적으로 일어날 수 있는 일입니까? 아니면 완전히 허무맹랑한 공상일 뿐입니까?

〈테넷〉은 인버전Inversion, 즉 시간 역행을 다룬 SF영화죠. 물론 과학적인 근거가 있습니다. 시간이 왜 과거에서 현재를 거쳐 미래로만 흐르는지, 즉 한 방향으로만 진행하는지를 물리학자들이 설명하는 표준 이론이 있는데, 바로 엔트로피 증가의 법칙입니다. 쉽게 말하면 우주에 존재하는 모든 것은 인위적인 개입이 없다면 에너지는 낮아지고, 무질서도는 높아지는 방향으로 변화하는 경향이 있다는 얘기입니다. 여기서 무질서도를 나타내는 척도가 '엔트로피Entropy'입니다. 그러니까 엔트로피가 증가한다는 말은 무질서도가 커진다는 것이고, 이는 시간이 흐른다는 뜻인 거죠. 그래서 엔트로피 증가의 법칙을 부르는 다른 이름이 바로 '시간의 화살The Arrow of Time'입니다.

솔직히 말씀드리면 엔트로피를 '무질서도'라고 부르는 것은 정확한 말이 아닙니다. 어떤 상태가 더 무질서한지는 사실 사람에 따라 다를 수 있기 때문이죠. 제 눈에는, 저의 연구실이 질서가 있는 상태인데도 오는 사람마다 자꾸 무질서하다고 말하는 것처럼 말이죠. 통계물리학에서 엔트로피가 더 큰 상태는 그 상태에 허락된 가능한 배열이 더 많다는 뜻입니다. 책장에 책이 나란히 배열된 상태보다, 책장의 책을 방 안 아무 곳에나 마구 던져서 흩어놓을 때가 가능한 배열이 더 많은 상태이고, 따라서 어질러진 방의 엔트로피가 더 크죠. 이렇게 생각하면, 깨끗하게 정돈된 방에서 시작해 눈을 질끈 감고 손에 잡히는 물건을 아무 데나 휙휙 던져 방을 어지럽히는 것보다 거꾸로 어지럽힌 방을 정돈된 상태로 만들기가 어렵다는 것이 엔트로피 증가의 법칙의 한 예라고 할 수 있습니다. 마찬가지로 순서대로 정렬된 카드를 마구 섞으면 자연스럽게 뒤죽박죽이 되는 것도 엔트로피 증가로 설명할 수 있습니다. 뒤죽박죽인 상태에서 시작해 카드를 한 번 더 섞어도 여전히 뒤죽박죽인 상태라는 것을 생각하면 뒤죽박죽 카드가 섞인 상태에 허락된 가능한 배열의 개수가 더 크고, 따라서 엔트로피도 순서대로 정돈된 카드보다 더 크죠.

우리는 이 세상의 엔트로피가 증가하는 것을 보면서 시간이 미래로 흐른다고 생각합니다. 그런데 아직은 우리가 인정할 수 있는 한계가 '시간이 미래로 흐른다는 것'과 '엔트로피가 늘어난다'라는 두 현상 사이의 상관관계 정도입니다. 시간이 흐르면서 항상 엔트로피가 커지는 걸 우리가 겪는 모든 변화에서 목격할 수 있거든요. 그렇다면 이 두 관계가 혹시 인과관계일 수도 있지 않을까 하는 상상을 해보는 거죠. 그러면 엔트로피를 줄이면 시간을 거꾸로 보낼 수 있지 않을까 하는 상상 역시 해볼 수도 있죠. 이런 가정 속에서 동일한 공간의 한쪽 부분에서는 엔트로피가 늘어나고, 다른 부분에서는 엔트로피가 줄어든다면 엔트로

피가 늘어나는 부분에 있는 사람들은 시간이 미래로 흐르고 엔
트로피가 줄어드는 부분에 있는 사람은 시간이 과거로 흐를 수
있다는 겁니다.

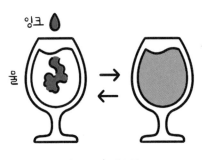

엔트로피가 늘어난 상태에서
다시 줄일 수 있을까?

영화 〈테넷〉에서 앞으로 걷는 사람과 뒤로 걷는 사람들이 함
께 등장하는 장면이 있는데요. 이 영화를 만든 감독은 엔트로피
를 줄이면 시간이 거꾸로 흐른다고 상상했어요. 그리고 이어서
엔트로피가 증가하고 감소하는 공간이 동시에 함께 존재한다는
상상을 했다고 볼 수 있습니다. 하지만 다른 시간 여행 영화와는
다른 점이 과거로 한순간에 점프하는 것이 아니라 시간을 거스
르기 위해서 엔트로피 감소의 과정을 차례대로 거친다는 점입
니다. 등장인물들이 거꾸로 걷거나 총알이 총구로 돌아가는 장
면들이 그런 과정을 표현하고 있습니다.

시간은 상대적이야.

아인슈타인

　그렇다면 현실에서도 영화에서처럼 엔트로피를 감소시켜 시간을 거꾸로 가게 만들 수 있을까요? 맥스웰 방정식으로 현대 전자기학을 완성한 맥스웰James Clerk Maxwell은 '맥스웰의 도깨비'라는 유명한 사고실험을 제안했습니다. 168쪽 그림처럼 두 방 사이에 연결된 작은 문을 아주 작은 도깨비들이 여닫으면서 기체 분자 중에서도 속도가 평균보다 빠른 것은 오른쪽으로, 속도가 느린 것은 왼쪽으로 모이게 한다면, 오른쪽 방의 뜨거운 기체와 왼쪽 방의 차가운 기체로 분리할 수 있죠. 기체 분자들이 속도와 무관하게 2개의 방 어느 곳에나 있을 수 있는 상태가, 느린 분자와 빠른 분자가 왼쪽과 오른쪽으로 나뉘어 있는 상태보다 엔트로피가 더 커요. 결국 엔트로피가 높은 상태에서 낮은 상태로 진행됐기 때문에 맥스웰의 도깨비라는 사고실험을 통해 엔트로피 증가의 법칙이 위배될 수 있다고 주장한 것이죠.

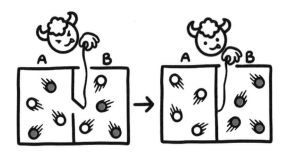

맥스웰의 도깨비

맥스웰은 도깨비가 마찰이 없는 창문을 이용해 아무런 에너지도 사용하지 않는다고 가정했습니다. 하지만 두 상자의 온도를 다르게 만들기 위해 분자를 구분하여 문을 여닫으려면 각 기체 분자의 속력에 관한 정보를 알아내야 한다는 것을 간과했죠. 현대의 과학자들은 도깨비가 기체 분자의 속력을 알아내는 과정도 엔트로피를 변화시킨다는 것을 알아냈어요. 결국 도깨비 상자의 전체 엔트로피는 증가한 거죠.

안타깝지만 영화 속 '인버전'은 현실에서는 가능하지 않은 거로 결론을 내야겠습니다. 그렇지만 우리에게 엔트로피의 개념을 알려주는 대단한 일을 했네요.

10 불도 무게가 있을까?

갑자기 엉뚱한 질문이 떠올랐는데요. 불에도 무게가 있을까요? 불도 종류가 다양한데, 장작불처럼 커다랗게 훨훨 타오르는 불꽃이 있는가 하면 라이터를 켜서 생기는 조그만 불꽃도 있잖아요. 그러면 아무래도 그 무게가 다르지 않을까요?

많은 사람이 흔히 하는 오해부터 짚고 갈게요. 고대에 만물은 흙, 물, 공기, 불 등 네 가지 원소로 이루어졌다는 제4원소설이 있었죠. 이런 생각처럼 지금도 불이 어떤 특정한 물질이라고 여기는 경향이 있습니다. 사실 불은 기체 상태인 어떤 물질이 산소와 반응하면서 에너지를 방출하는 현상이고, 그 형태가 열과 빛일 뿐입니다. 다시 말하자면 열과 빛을 내면서 빠르게 반응하고 있는 물질의 상태를 우리가 '불'이라고 부르는 것입니다.

그러니까 불은 물질 자체가 아니라 물질의 특정 상태를 이르는 말입니다.

불은 기체일까?
어떤 다른 존재일까?

불 자체의 무게가 얼마냐고 묻는다면 질문이 잘못됐다고 볼 수 있습니다. 억지로 대답하자면 특정 상태를 부르는 개념인 불은 무게가 없다고 해야겠죠. 하지만 불의 상태로 빛과 열을 내는 기체의 무게가 얼마냐고 질문을 바꾼다면 대답할 수 있습니다. 기체 역시 당연히 질량을 갖고 있기 때문입니다. 그런데 바닥으로 가라앉는 것이 아니라 자꾸 허공으로 솟구치는 기체는 무게가 없는 게 아닌가, 하고 생각할 수 있습니다. 무게라는 것은 중력을 받는 크기라고 볼 수 있으니까요. 바닥으로 가라앉지 않는 기체는 중력을 받지 않아서가 아니라 주변 공기보다 밀도가 낮아서 올라가는 겁니다. 바다에서 물보다 비중이 낮은 나무는 떠오르고 비중이 높은 쇠붙이는 가라앉는 원리와 같은 거죠.

최근에 본 재미있는 사진이 한 장 떠오르는데요. 만약 무중력 공간에서 불을 피우면 불꽃은 어떤 모양일까요? 지구에서 불을 피우면 뜨거워진 기체가 부력 때문에 올라가면서 뾰족하고 날카로운 유선형 모양의 불꽃이 생기지만 중력이 없으면 부력도 없거든요. 그래서 불꽃이 위로 치솟지 않고, 모든 방향으로 균일하게 퍼져 나가게 됩니다. 실제 실험을 해보면 무중력 공간에서는 공같이 동그란 형태의 불꽃 모양이 됩니다. 인터넷에서 '무중력 공간의 불꽃'이라는 키워드로 검색한다면 사진이 많이 나오니까 지금 한번 찾아보세요.

11 인류는 얼마나
빨라질 수 있을까?

인간은 속도에 대한 욕망이 있잖아요. 말이나 마차를 타다가 다음에 기차, 자동차 그리고 음속을 넘는 비행기, 우주 발사 로켓까지 만들었습니다. 일론 머스크는 차세대 이동수단인 '하이퍼루프Hyperloop'라는 걸 만들어서 지상에서도 음속에 가까운 시속 1,200km 이상의 속도로 이동한다는 계획을 세웠더라고요. 우리 인간은 앞으로 얼마나 더 빨라질 수 있을까요?

하이퍼루프 기술은 일론 머스크가 고안한 차세대 이동수단인데요. 마찰력을 줄이고 속도를 극대화하기 위해 진공 튜브 안에서 움직이는 것이 핵심입니다. 현재 많은 단체가 하이퍼루프 개발에 도전하고 있지요. 이미 우리나라 한국철도기술연구원에서 2020년에 하이퍼튜브라는 약간 다른 이름으로 축소 모형을 통해 시속 1,019km의 시험 주행에 성공했습니다. 일론 머스크가 하이퍼루프를 제안하기 전에 우리나라 한국철도기술연구원에서 하이퍼튜브라는 이름으로 먼저 연구를 시작한 건 잘 알려지지 않은 사실이죠. 시간이 좀 걸리겠지만 상용화를 목표로 계획을 추진하고 있습니다. 아마 최종적으로 실현할 속도는 1,200km 이상이 될 것 같습니다. 이것은 지상에서 초음속 전투기가 움직이는 것과 같은 속도이고, 이 속도라면 서울에서 부산까지 가는 데 20분이면 되죠.

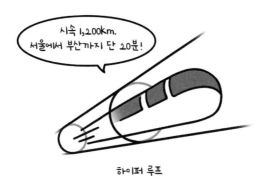

시속 1,200km.
서울에서 부산까지 단 20분!

하이퍼 루프

1990년대에 인기를 끌었던 애니메이션 〈바람돌이 소닉〉은 주인공 이름에 나타나듯이 음속으로 달릴 수 있는 고슴도치가 주인공입니다. 음속은 초속 340m 정도여서 시속으로는 1,250km의 속도로 전달되니까 이제 인간은 한때 어린이들을 위해 상상

속에서나 그려냈던 만화 주인공의 속도를 현실에서 구현할 수 있게 된 거죠. 누군가 서울에서 부산까지 들리게 소리를 지를 수 있다고 가정하면 소리를 질러놓고 출발하면 소리가 도착하는 시간과 거의 비슷하게 기차가 부산에 도착할 수도 있겠네요.

하이퍼루프는 현재의 기술력으로도 가능합니다. 진공에 가까운, 완벽한 진공이면 더 이상적이겠지요. 하지만 비용 등의 문제로 0.1기압 정도를 유지하는 튜브 구조물을 만들어 기차가 다닐 수 있게 하는 거죠. 공기가 없으면 저항을 받지 않으니까 적은 에너지라도 계속 공급하면 굉장히 빠른 속도를 만들어낼 수 있습니다. 바퀴를 이용하면 마찰로 인한 저항이 또 생기니까 자기부상으로 진공 튜브 안에 열차를 띄우는 겁니다. 그렇게 하면 음속에 가까운 속도로 달릴 수 있습니다.

제가 SF영화에서 본 이동수단 중에 가장 인상적이었던 건 '더

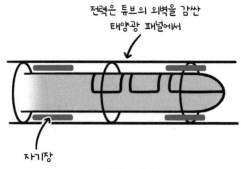

전력은 튜브의 외벽을 감싼
태양광 패널에서

자기장

하이퍼 루프의 원리

폴The Fall'이라는 이름의 중력열차입니다. 지구 전체를 가로질러 통과하는 터널을 뚫고 지구 중심부를 통과해 움직이는 장치였습니다. 발밑에 지구 반대편까지 이어지는 구멍이 뚫려 있는 겁니다. 그 구멍 안으로 살짝 발을 디디면 지구 중력으로 떨어지겠죠. 계속해서 점점 빨라지다가 지구의 중심을 통과할 때 속도가 최대가 되고, 이후에는 점점 속도가 느려지면서 지구 반대쪽 구멍의 입구에 도착하면 멈추게 됩니다. 이 방법의 장점은 이동하는 데 필요한 에너지가 하나도 없다는 겁니다. 지구 중력만을 이용하니까요.

이 방법으로 얼마나 빨리 지구 반대편에 도착할 수 있는지를 저의 물리학 수업을 듣는 학생들에게 문제를 내곤 합니다. 계산해보면 42분 정도면 지구 반대편에 갈 수 있습니다. 에너지를 하나도 사용하지 않고 단 42분 만에 지구 반대편으로 갈 수 있는 거죠. 물론 현실적으로 그런 터널을 뚫을 수 있는지는 다른

지구를 관통하는 중력열차

문제겠지만 말입니다. 현재까지 인류가 가장 깊이 파고 들어간 깊이는 12km입니다. 주변 온도가 180℃에 달하는데 더 깊이 들어간다면 열과 압력이 어떻게 될지 상상하기도 힘들죠.

⑫ 빛보다 빠른 건 정말 없을까?

━━━━━━━━━━━━━━━━━━━━━━━━━━━━ ✛

지금까지 우리가 아는 가장 빠른 속도는 역시 빛이죠. 대략 1초에 30만 km인 걸로 알고 있는데, 어떻게 해도 빛보다는 빠를 수 없죠. 빛 위에 올라타서 앞으로 빛을 쏴도 고정된 빛의 속도로 빛이 움직이고, 반대로 빛을 뒤로 쏴도 마찬가지로 고정된 빛의 속도로 뒤쪽으로 뻗어 나간다니, 빛이란 정말 신기한 것 같아요. 혹시라도 우리가 아직 발견은 못 했지만 빛보다 빠른 게 진짜 없을까요?

이론물리학의 테두리 안에서 빛의 속도는 그저 현실적으로 더 빠른 속도를 낼 수 있느냐보다 훨씬 근본적인 문제입니다. 만약 빛보다 빨리 움직이는 무언가가 있다면 이를 관찰하는 사람의 눈에는 원인과 결과의 순서가 뒤바뀌어 보일 수밖에 없어요. 어떤 외계인이 저를 향해 빛보다 빠른 속도로 로켓을 발사했다면, 제 눈에 어떻게 보일까요? 먼저 로켓과 부딪쳐요. 그런 다음 로켓이 발사되는 걸 볼 수 있어요. 빛보다 빠른 속도가 존재하면 원인과 결과가 뒤집힌 걸 보는 관찰자가 존재하게 되는 거죠.

빛보다 빠른 로켓을 발사했다면?

물리학자에게 원인과 결과는 시간 순서대로 발생해야 하는데, 결과가 먼저 관찰되고 그다음에 원인이 발생한다는 것은 있을 수 없기 때문에 지금까지 인류가 쌓아 올린 물리학 이론의 테두리 안에서는 빛보다 빠른 속도라는 건 어떤 기술적인 차원이 아니라 근본적으로 문제가 될 수밖에 없습니다. 만약 빛보다 빠른 속도를 인정하려면 현대 물리학의 근간이 모두 바뀌어야 해요. 그렇지만 물리학이 바뀌지 않을 거라고 믿는 거죠.

　다만 정보를 전달하지 않는다면 현재 물리학 이론 체계 안에서도 초광속은 가능한 속도입니다. 예를 들어 우주의 팽창 같은 경우 어떤 질량도, 정보 전달 능력도 지니지 않아서 물리학 이론에 어긋나지 않으면서 광속보다 빠르게 일어날 수 있습니다.

　한때 유럽 입자물리연구소에서 '중성미자'*라는 소립자의 운동 속도가 빛보다 빠른 현상을 발견했다고 발표해서 전 세계의 물리학자들을 충격에 빠트린 적이 있었습니다. 하지만 1년이 채 되지 않아서 오류라고 밝혀졌지요.

---

* 중성미자는 핵붕괴나 핵융합 과정에서 방출되는 입자를 말한다. 우주에 무수히 많이 존재하지만 물질과의 작용이 거의 없을 정도로 작아서 관측하기가 어렵다.

13 빛의 속도를 도대체 어떻게 측정했을까?

빛은 1초에 30만 km를 가잖아요. 그래서 뭐 1초에 지구를 일곱 바퀴 반을 도는 속도라고 이야기하던데요. 사실 인간의 직관으로는 잘 이해가 되지 않는 빠르기입니다. 처음에 누가 어떤 방식으로 빛의 속도를 측정한 거죠?

인류의 과학사에서 빛의 속도를 측정하려 했던 시도는 여러 번 있었습니다. 특히 목성의 위성 '이오'*를 이용한 천문학자 올레 뢰머Olaus Roemer의 방법이 유명합니다. 지금도 그 방법으로 빛의 속도를 측정할 수 있기 때문에 한번 설명해볼게요.

원래 인류는 빛의 속도가 무한대라고 생각했습니다. 소리는

---

* 현재까지 발견된 목성의 위성은 63개. 그중 이오, 에우로파, 가니메데, 칼리스토 등 이 네 위성은 갈릴레오 갈릴레이의 이름을 따서 '갈릴레오 위성'으로 불린다.

산골짜기에서 외치면 반대쪽 장애물에 튕겨 돌아오는 메아리 현상으로 속도가 유한하다는 걸 쉽게 알 수 있었고, 측정 또한 그리 어렵지 않았습니다. 그래서 우리는 소리가 1초에 340m를 이동한다는 걸 알고 있죠. 하지만 빛은 아무리 먼 곳을 비춰도 동시에 밝아지니까 일정한 속도가 있다는 걸 예측하기 힘들어요. 그래서 그저 무한대라고 생각했습니다.

최초로 빛 또한 속도가 있을 거라고 생각한 과학자가 갈릴레오 갈릴레이였습니다. 그는 자신의 조수를, 요즘으로 치면 대학원생 정도 되겠죠. 먼 산꼭대기로 보내요. 그리고 한밤중에 등불을 들고 있다가 뚜껑을 열었다가 닫으라고 해요. 그걸 보고 갈릴레오도 등불을 뚜껑으로 열고 닫습니다. 그렇게 불빛이 점멸하는 걸 보고 최종적으로 조수가 시간을 재는 거죠. 하지만 당연히 그 정도 거리에서 빛의 속도를 측정하기는 어려웠겠죠. 갈릴레오는 이렇게 결론을 내려요. "빛은 아주 빠르다."

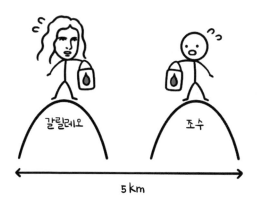

목성의 위성 이오를 이용해서 빛의 속도를 측정한 사람이 있습니다. 이오는 목성을 중심으로 빙글빙글 돌고 있는 위성입니다. 지구에서 보면 이오가 목성 뒤로 숨었다가 다시 나타나는 현상이 주기적으로 반복됩니다. 그런데 덴마크 천문학자 올레 뢰머가 한 가지 현상을 발견하는데요. 지구가 목성을 향해 다가가면서 이오가 목성을 가리는 시점과 목성에서 지구가 멀어지면서 이오가 목성을 가리는 시점의 시각이 계속 다르게 변하는 거예요. 왜 그러냐면 지구가 가까이 다가가고 있을 때는 조금씩 목성과 지구의 거리가 짧아지겠죠. 그러면 그 짧아진 거리만큼 이오에 반사된 태양 빛이 날아와야 하는 거리 역시 짧아지는 겁니다. 그러면 빛이 여행하는 데 걸리는 시간도 그만큼 짧아지겠죠. 반대로 지구가 목성에서 멀어지는 구간이라면 이오에 반사된 태양 빛이 지구까지 오는 데 필요한 거리도 늘어나고 시간도 더 걸리게 되는 거예요. 그래서 그 시간의 차이를 이용해 계산해보니까 빛은 무한하게 빠른 것이 아니라 유한할 뿐만 아니라 태양에서 지구까지 빛이 오는 데 11분 정도 걸린다는 값을 얻었고, 빛의 속도가 초속 22만 km 정도 된다는 계산이 나왔죠. 지금 규명된 정확한 빛의 속도와는 차이가 있지만 당시 천문 관측의 정확도를 고려하면 대단한 업적이라고 할 수 있습니다.

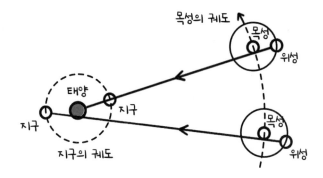

프랑스 물리학자 아르망 피조Armand Fizeau는 톱니바퀴를 이용하는 방법을 고안했습니다. 지금 생각해도 정말 기발한 방식이에요. 거울에다가 램프 빛을 쏜 뒤 반사되어 돌아오게 합니다. 그 사이 공간에 톱니바퀴를 두면 톱니의 틈 사이를 통과한 빛이 거울에 반사된 뒤 다시 같은 틈으로 돌아와 관측됩니다. 만약 톱니바퀴를 충분히 빠르게 돌리면 반사된 빛이 틈새를 통과하지 못해 보이지 않는 톱니의 회전수가 있습니다. 피조는 이를 이용해 비교적 정확하게 빛의 속도를 잴 수 있었습니다.

집에서도 초콜릿과 전자레인지를 이용해 간편하게 빛의 속도를 측정하는 방법이 하나 있습니다. 우선 초콜릿이 회전하면 안 되니까 전자레인지 안에 있는 원판을 빼놓습니다. 그런 다음 초콜릿을 넣고 전자레인지를 가동시킵니다. 용량에 따라 다르지만, 대개 20초가량이 적당합니다. 20초를 돌린 후 초콜릿을 꺼내어 보면 아마 일정한 간격으로 녹은 부분이 보일 겁니다. 빛은 입자와 파동의 성질을 모두 보여주는데요. 전자기파가 일정하게 파동을 치면서 초콜릿이 가열된 결과입니다. 그래서 그 녹는 점 사이 거리의 2배가 파동의 길이가 되는 거죠. 이 길이를 잰 값을 가열한 전자레인지의 제원에 나와 있는 마이크로파의 진동수와 곱하면 빛의 속도가 나옵니다. 어쩌면 여러분도 위대한 과학자들인 뢰머나 피조처럼 빛의 속도를 이 실험으로 직접 구할 수 있을 겁니다.

녹아서 부풀어진 부분

전자레인지와 초콜릿만으로도 빛의 속도를 계산할 수 있다.

⑭ 빛은 질량이 없는데 어떻게 뜨거울까?

─── +

들을수록 빛의 정체는 알쏭달쏭하면서도 신기하기만 하네요. 그런데 햇볕 역시 질량이 없는 빛인데 뜨거운 이유는 뭔가요?

에너지가 전달되기 때문이죠. 사실 우리가 경험적으로 이해하기 힘든 부분이 있는데요. 빛은 질량이 없어도 에너지나 운동량을 전달할 수 있습니다. 정지 질량이 0일 뿐이지 보통 우리가 아는 입자의 성질을 보여줍니다. 물리학에서 보편적으로 사용하는 표현으로 빛을 바꾸어 말하면 '전자기파'입니다.

우주 공간에는 어떠한 매질도 없습니다. 그래서 예전 물리학자들은 빛이 대체 어떤 매개체를 타고 전달되는 파동일지 고민할 수밖에 없었습니다. 음파든 지진파든 파동이 실려서 전달될 수 있는 어떤 매개 물질이 필요하니까요.

만약에 제가 탁자를 탕! 하고 내려치면 나무라는 매질을 타고 음파가 전달되는 겁니다. 그런데 우주 공간에선 수백 광년 거리만큼 떨어진 별빛이 아무런 매질 없이 공간을 가로질러 전달되잖아요. 그래서 한때는 에테르니, 뭐니 하면서 이상한 매질을 상상했지만 실험을 통해서 우주 공간에는 아무런 매질이 없다는 걸 확인했죠. 그러다가 실제는 빛이 전기장과 자기장이 서로를 유도하고 진동하면서 자생하는 파동이라는 사실을 알게 됩니다.

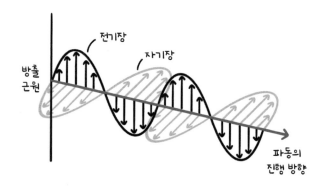

자료: EnCyber.com

우리는 그저 눈에 보이는 가시광선만 인식하고 살지만, 사실 빛의 종류는 많습니다. 파장의 길이에 따라 이름이 다른데, 프리즘으로 빛을 빨주노초파남보로 분해할 때 빨간색 가시광선보다 파장이 긴 '적외선'과 보라색 가시광선보다 파장이 짧은 '자외선'으로 크게 구분할 수 있습니다. 적외선 바깥쪽으로 초단파, 라디오파 등이 있고, 자외선 바깥쪽으로는 X선, 감마선 등이 있습니다. 자외선 영역의 빛은 파장이 짧아 진동수가 높고 에너지가 커서 살갗을 태우죠. 적외선은 파장이 길어 진동수가 낮고 에너지가 낮은 편이지만 열을 잘 전달합니다. 그래서 야간 촬영을 위한 카메라에 적외선을 사용하죠.

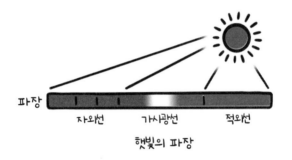

햇빛의 파장

과학자들끼리 SF영화를 볼 때 간혹 하는 말이 있는데요. 우주 전쟁을 할 때 레이저 광선이 쭉 뻗어 나가는 장면이 나오잖아요. 그게 사실 과학적으로 엉터리거든요. 영화에서처럼 빛이 뻗어가는 게 보이려면 우주 공간에 어떤 입자가 있어서 빛을 산란시켜야 합니다. 우리가 지상에서 하늘로 레이저를 쐈을 때 일직선의 경로가 보이는 이유도 공기 중에 먼지 같은 게 떠다녀서 그렇거든요. 그러니까 실제로 찍는다면 아무것도 보이지 않고 아무런 소리도 들리지 않는 아주 심심한 영화가 되겠죠.

15 최초에 빛은 어떻게 생겨났을까?

그럼 빛이란 것도 원래 당연히 존재했던 것이 아니라 탄생 시점이 있겠네요. 뭐 「창세기」에는 하느님이 '태초에 빛이 있으라' 하자 빛이 생겨났다고 되어 있지만 실제 과학적인 사실을 알고 싶은데요. 아마도 역시 빅뱅과 관련이 있겠죠?

그렇긴 한데, 우주의 나이가 정확하게 0살일 때, 그러니까 우주가 탄생한 직후부터 빛이 있었던 건 아닙니다. 왜냐하면 초창기의 우주는 밀도가 너무나 높았기 때문에 아주 수많은 입자가 마치 끓어오르는 수프 같은 상태로 존재했거든요. 그러면 빛이 한 발짝만 퍼져 나가려면 코앞에 있는 다른 입자랑 부딪혀서 막히는 거예요. 그러니까 팅팅팅 튕겨 다니면서 물질 속에 갇혀 있는 거죠. 당시의 이런 상태를 뭐라고 부르냐면 "빛과 물질 분리가 이뤄지지 않았다"라고 이야기합니다. 빛과 물질이 분리되지 않고 엉겨 있었던 거죠.

그러다가 우주의 나이가 38만 살 정도를 넘겼을 때 우주의 온도가 한 4,000K(절대온도) 이하로 식거든요. 그때부터 이제 우주 공간이 개이기 시작해요. 입자들 사이의 밀도가 줄어들면서 공간이 열리고 비로소 빛이 퍼져 나갑니다. 이때를 우리는 "빛과 물질이 분리되었다"라고 이야기합니다. 빛이 탄생한 겁니다. 그럼 이때 퍼져 나간 빛들은 어떻게 됐을까요?

1963년 미국 벨 연구소의 천문학자들이 전파망원경에 정체를 알 수 없는 잡음이 계속 잡히는 걸 발견합니다. 전파망원경을 낱낱이 분해해서 닦아내고, 또 부품을 새로 교체해서 아무리 완벽한 상태를 만들어도 우주의 모든 방향에서 일정한 잡음이, 다시 말하면 전파가 잡히는 겁니다. 하지만 아무리 생각해도 그 정체를 도무지 알 수가 없었습니다.

전파망원경

도대체 무슨 소리지?

사실 벨 연구소의 천문학자들을 괴롭혔던 잡음은 태초에 뻗어 나갔던 빛의 흔적이었습니다. 100억 년이 넘는 세월 동안 우주가 팽창한 덕분에 우주 최초의 빛은 파장이 길어져 전파가 되었고 우리는 이를 '우주배경복사'라고 부릅니다. 여기서 '복사'라는 말이 좀 낯설지만 사방으로 방출되는 열 또는 전자기파라는 단순한 뜻을 가진 한자어입니다. 그러니까 우주배경복사는 우주 배경 전체에서 방출되는 전자기파라는 뜻입니다. 확실한 빅뱅의 증거가 발견된 거죠.

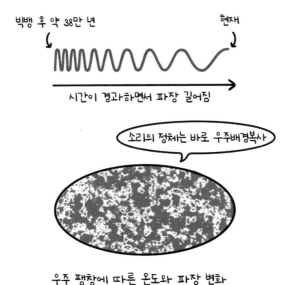

우주 팽창에 따른 온도와 파장 변화

당시 프린스턴대학의 한 물리학 교수가 빅뱅 이론이 맞다면 반드시 관측되어야 할 하나의 현상을 찾기 위해 준비하고 있었습니다. 당시 빅뱅 이론은 매우 뜨겁고 균일한 상태로 높은 밀도를 가진 원시 우주에서 빠져나온 빛이 현재에도 우주 모든 방향에서 파장이 길어진 상태로 남아 있을 거라고 예측하고 있었기 때문입니다. 즉 빛과 물질이 분리되면서 전체 우주로 퍼져 나갔을 빛의 흔적, 다시 말해서 우주배경복사를 관측하기 위해 열심히 전파망원경을 만들던 중이었습니다. 하지만 그는 벨 연구소의 소식을 듣자마자 자신이 한발 늦었다는 걸 깨달았죠. 결국 우주배경복사를 발견한 공로로 주어진 노벨 물리학상은 벨 연구소의 천문학자들이 차지하게 되었습니다.

16 태풍은 어떻게 생겨나는 걸까?

우리나라는 여름마다 태풍으로 큰 피해를 보는데요. 미국 허리케인은 위력이 더 어마어마하죠. 왜 평화롭던 바다에서 갑자기 이런 무시무시한 것들이 생겨나는 겁니까?

태풍이나 허리케인 같은 열대성저기압은 적도의 열에너지를 극지방으로 보내 지구의 에너지 균형을 맞춥니다. 인간에게 피해를 주긴 하지만 지구 생태계를 위해 꼭 필요한 작용인 거죠. 태풍이나 허리케인 모두 같은 종류의 기상 현상이지만 발생하는 장소에 따라 이름이 다르게 붙여져 있습니다. 아프리카, 아시아, 호주로 둘러싸인 인도양에서 발생하는 사이클론Cyclone이 있고, 태평양의 북쪽에서 발생하는 타이푼Typhoon, 우리말로 태풍이죠. 허리케인Hurricane은 북중미의 카리브해 지역에서 발생합니다. 카리브는 영어로 캐러비언이라고 하죠. 그러니까 캐러비안 베이니 캐러비안의 해적들이니 하는 명칭들이 모두 북아메리카와 남아메리카 사이의 바다인 이 카리브해를 말하는 겁니다.

우리나라에서 태풍으로 인정되려면 최대 풍속이 초속 17m를 넘어야 합니다. 북미 허리케인의 기준은 33m로 더 높습니다. 그러니 허리케인이라는 이름이 붙었다면 아무래도 위력이 무시무시하겠죠. 또 카리브해는 우리나라에 오는 태풍의 발원지인 북태평양보다 수온이 높을 때가 많습니다. 발원지인 바다의 온도가 높으면 열대성저기압이 머금은 수분과 에너지가 더 크거든요. 기후위기로 인해 앞으로 지구의 기온이 상승한다면 어떤 괴물 같은 열대성저기압이 탄생할지 걱정이 되기도 합니다.

이것은 태풍의 눈!

출처: NASA

태풍 발생 메커니즘을 살펴보면 바다에서 뜨거운 수증기를 머금은 습한 공기가 상승하면서 거대한 구름이 형성되죠. 그런데 우리가 사는 지구의 대기권은 순환하고 있습니다. 적도 지방의 뜨거운 공기가 상승하면 그 바람의 흐름을 타고 더 고위도 지방, 즉 북극이나 남극 방향으로 흘러가려고 해요. 어마어마한 습기를 머금은 뜨거운 공기 덩어리가 적도에서 곧바로 고위도로, 그러니까 위쪽이나 아래쪽으로 움직이는 거예요. 하지만 우리 지구는 가만히 있지 않죠. 빙빙 돌면서 자전을 합니다. 이 자전 때문에 생기는 독특한 힘 중의 하나가 '전향력' 혹은 '코리올리 힘Coriolis force'입니다.

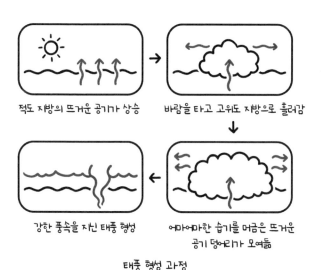

적도 지방의 뜨거운 공기가 상승   바람을 타고 고위도 지방으로 흘러감

강한 풍속을 지닌 태풍 형성   어마어마한 습기를 머금은 뜨거운
공기 덩어리가 모여듦

태풍 형성 과정

코리올리 힘을 이해하기 위해 그냥 직관적으로 사고실험을 하나 해보죠. 빙글빙글 돌고 있는 원반 위에 두 사람이 앉아 있어요. 첫 번째 사람이 공을 두 번째 사람을 향해 똑바로 던져도, 공이 도착할 때는 두 번째 사람은 회전하는 원반 때문에 다른 곳에 있게 돼요. 결국 두 번째 사람의 눈에는 공이 회전의 반대 방향으로 치우쳐서 움직인 것으로 보입니다. 마찬가지로, 지구가 자전하니까 태풍의 진로 역시 북반구에서는 적도에서 북쪽으로 이동하면서 동쪽 방향으로 변하게 됩니다.

마지막으로 변기나 싱크대의 물을 내리면 한쪽으로 회전하는 현상을 이 효과로 오해하는 분들도 있는데, 그건 아닙니다. 실제로도 실험해보면 변기마다 달라요. 코리올리 효과는 지구의 대기 순환이나 바다의 해류 같은 큰 규모의 유체에서 나타납니다.

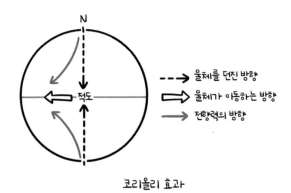

코리올리 효과

⑰ 아틀란티스 대륙은 실제로 존재했을까?

전설의 대륙 '아틀란티스'에 대해 당연히 들어보셨죠? 뭐 만화나 공상과학 영화에서 단골 소재로 다루었던 것 같은데, 과연 실존했던 대륙이었을까요? 아니면 그냥 옛날 사람들이 상상으로 만들어낸 유토피아일 뿐일까요?

먼 옛날에 존재했지만 바닷속에 가라앉았다는 전설의 땅 아틀란티스는 고대 그리스 철학자 플라톤Plato이 그 존재를 언급하면서 널리 알려졌습니다. 플라톤의 명저 『대화편』에 실린 「크리티아스Kritias」에서 굉장히 길게 아틀란티스 대륙을 소개해놓았습니다. 놀라울 정도로 그 묘사가 구체적이에요. 아틀란티스 대륙의 크기, 섬의 배치, 심지어는 정치 제도까지 세세하게 설명하죠.

'헤라클레스의 기둥' 저편에 아주 큰 아틀란티스라는 섬이 있다. 사방에 금과 은 등으로 부가 넘쳤다. 통치자는 금, 은, 동과 상아로 화려한 궁전과 신전을 장식했으며, 과학이 고도로 발달하여 유인 항공기는 물론 선진적인 조선술을 갖춘 해군 대국이다. 무적의 군사력을 가진 이 해군은 서유럽과 아프리카에서 많은 땅을 정복했다. (…) 그러나 이후 아틀란티스에는 격렬한 지진과 홍수가 일어났고, 하루 밤낮 만에 용맹한 전사들이 땅 속에 묻혔으며 섬 전체가 심해 속으로 가라앉았다. 섬이 가라앉은 곳에는 거대한 진흙탕이 생겨났고, 이 진흙탕으로 인해 모든 배들이 이 바다를 자유로이 항해하지 못하고 있다.

하지만 고개를 갸웃하게 되는 부분이 있는데요. 아틀란티스 대륙이 있었다는 곳이 '헤라클레스 기둥의 바깥쪽'이라고 얘기하거든요. 헤라클레스의 기둥*은 지금 스페인이 있는 이베리아 반도의 끝자락 지브롤터 해협 어귀 부분인데 말이죠. 바깥쪽이라고 한 걸 보면 지중해 반대쪽인 대서양에 있었다는 말인 것 같은데, 현재의 여러 지질학적 증거를 살펴보면 유럽과 아프리카 서쪽 해안선의 모양이 북아메리카, 남아메리카 동쪽 해안선 모양과 거의 겹치거든요. 그러니까 그 사이에 무언가 있었을 가

---

* 헤라클레스 기둥(The Pillars of Hercules)은 지금의 지브롤터 해협 동쪽 끝에 솟은 2개의 바위를 일컫는다. 플라톤은 이 기둥 뒤편의 큰 섬에 아틀란티스가 위치했다고 말한다.

능성은 작죠. 과거에는 전 대륙이 한 덩어리였다가 현재 상태로 갈라진 거로 생각하는데요. 지금 해안선 모양을 보면 아틀란티스 대륙이 있었다는 근거를 찾을 수 없습니다.

물론 헤라클레스 기둥의 위치를 어디로 생각하는지에 따라 몇 가지 별개의 주장이 있는 것 같긴 하지만, 아마 제가 하는 이야기가 다수 의견일 겁니다. 최근에는 이집트 사막에 '사하라의 눈Eye of Sahara'이라고 되게 독특한 패턴이 있는 지형이 발견된 적 있었는데, 크기는 서울 면적의 2배 정도 되고 모양이 동심원 구조였어요. 플라톤이 묘사한 아틀란티스 도심의 동심원 형태와 맞아떨어지는 느낌인 거죠. 또 서아프리카 해안에서 그리 멀리 떨어져 있지 않아 이곳이 아틀란티스였다는 학설이 나온 적도 있긴 합니다. 하지만 고고학계와 지질학계의 현장 조사가 여러 번 이루어졌음에도 불구하고 아무런 증거가 나오지 않아 이 학설이 받아들여지지는 않았죠. 〈아틀란티스 소녀〉를 부른 가수 보아 씨에게는 미안하지만 아틀란티스는 플라톤이 상상해낸 이 상향이지 현실은 아니었다는 게 현재까지의 결론입니다.

이런 주장은 파레이돌리아Pareidolia, 우리 말로 변상증變像症이라 는 심리적 현상에서 원인을 찾아볼 수도 있습니다. 쉽게 말해서 모호하거나 애매한 형상을 우리가 아는 형태로 변화시켜보려는 심리적 성향인데요. 실제로 달 표면을 찍은 사진만 보더라도 이 상한 모양의 크레이터가 많거든요. 당연히 자연적으로 우연히 생긴 형태에 불과한데 우리가 아는 익숙한 모양과 겹쳐 생각하 다 보니까 이런저런 음모론이 나오는 것 같아요. 대표적으로 '바 이킹Viking' 탐사선이 촬영한 화성 사진 중에 모아이 석상 얼굴 모

양의 바위가 발견된 적이 있어서 한창 이슈가 되었다가 더 자세한 사진이 나오니까 그냥 헛소동으로 끝난 적도 있습니다. 마찬가지로 플라톤이 묘사한 아틀란티스의 도시 모습과 조금이라도 비슷한 무언가를 보면 일부 사람들이 아틀란티스를 발견했다고 생각할 수도 있을 것 같아요.

18. 지구의 기후를 인간이 바꿨을까?

요즘 인류 생존을 가장 위협하는 것으로 기후위기를 많이 이야기하잖아요. 실제로 날씨가 예전과 다르게 엄청 과격해진 게 체감되기도 하고요. 그런데 이 거대한 지구의 기후를 인간이 바꾼 게 맞기는 한가요?

유럽에서는 홍수로, 중동은 53℃ 폭염으로 지구 곳곳이 기후변화로 신음하고 있는데요. 기후변화를 초래하는 가장 중요한 원인 물질은 대기 중의 탄소량입니다. 이산화탄소와 같은 온실가스는 지구로 들어오는 태양 빛에서 짧은 파장의 복사에너지는 통과시키는 반면에 지구로부터 나가려는 긴 파장의 복사에너지는 흡수해서 대기의 온도를 끌어올리는 역할을 합니다. 이를 '온실 효과'라고 부릅니다. 지구에 들어온 에너지는 지구에서 나간 에너지와 같아요. 온실 효과가 지구에 들어온 에너지보다 더 적은 에너지를 방출함으로써 지구에 에너지가 쌓여서 생기는 것은 아닙니다. 온실가스로 인해 대기의 온도가 더 오른 상태가 에너지 균형을 이룬 상태가 되는 것이죠. 이 상태에서 방출하는 에너지는 지구에 들어온 에너지와 다르지 않습니다.

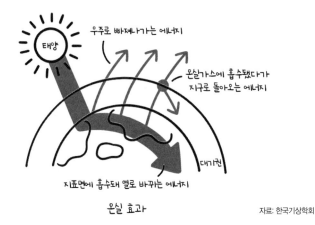

온실 효과

자료: 한국기상학회

기후위기 때문에 이산화탄소와 같은 온실가스가 인류의 적인 것처럼 이야기하지만 사실 온실가스가 없다면 지구는 생명체가 살기 힘들 정도로 차가운 행성이 될 겁니다. 평균 기온이 영하 수십 도까지 떨어질 테니까요. 그러니까 적당한 농도로 유지되어야 하는 대기 중 탄소의 양이 현재는 너무 많아진 것이 문제인 거죠.

지구의 탄소는 다양한 경로로 순환하면서 자연스럽게 균형을 유지하는데, 인간이 그 균형을 깨트리고 있습니다. 물론 대량으로 탄소를 내뿜는 화산 폭발 같은 자연 현상이 있기는 하지만 인간이 탄소 배출량 증가에 가장 큰 영향을 미쳤다는 건 부정할 수 없는 사실입니다.

역사적으로 지구의 이산화탄소량이 급증했던 때가 바로 산업 혁명 시기입니다. 그리고 현재 우리나라의 대기 중 이산화탄소 농도는 역사상 최대치인 425ppm을 기록했습니다. 호모 사피엔스가 지구에서 살아가기 시작한 이래 이 정도로 짙은 이산화탄소 농도의 대기를 호흡한 적이 한 번도 없었습니다. 이산화탄소 증가가 사람 때문이라는 증거는 여러 기후변화 모델로 명확히 재현됩니다. 최근 100년 동안의 이산화탄소 증가를 자연적인 원인만으로는 절대 설명할 수 없다는 걸 99%의 과학자가 동의하고 있습니다.

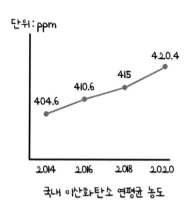

국내 이산화탄소 연평균 농도

자료: 기상청

문제는 우리 사회가 현재 벌어지고 있는 일들을 서둘러 인정하고, '환경 문제를 어떻게 해야 할까?'에 대해 하루빨리 논의해야 한다는 겁니다. 지금 당장 인류가 살아가는 방식의 대규모 변화를 이뤄내지 못하면 기후학자들이 경계하는 한계치인 지구 평균 기온 1.5도 상승을 막을 수 없다는 건 명약관화한 사실입니다. 그런데 인류가 탄소 배출을 억제하는 데 성공하지 못하고 결국 기후위기 재앙이 현실화한다면 지구에는 어떤 일들이 벌어질까요?

지역에 따라 극한의 폭염은 일상이 되고 집중호우와 가뭄의 빈도가 크게 증가할 것입니다. 대기의 불안정이 커져서 어떤 곳에서는 기온이 급강하하면서 생명을 위협하는 돌덩이 같은 우박이 수시로 쏟아질 수도 있고, 갑작스럽게 큰 토네이도가 발생해서 생활 환경을 파괴할 수도 있습니다. 바닷속 생태계도 극심한 변화를 겪으면서 해안 침식을 막아주는 산호가 사라지고 수많은 어류가 멸종할 수 있어요. 남극과 북극의 빙하가 빠른 속도로 녹으면서 해수면이 상승해 저지대 및 섬나라 국가들은 국토가 사라지고 맙니다. 세계의 수도라는 뉴욕뿐만 아니라 우리나라의 서울도 침수 위험에서 안심할 수 없습니다. 가장 잊지 말아야 할 점은 기후위기가 일단 한계치를 넘어서면 돌이킬 수 없다는 점입니다. 지금도 전 세계의 대기 중 탄소 농도는 날마다 더 올라가고 있어요. 참고로 우리나라의 1인당 온실가스 배출량은 3.81t으로 세계 평균보다 약 4배 정도 더 높습니다. 우리나라도 대표적인 기후 악당 국가라고 할 수 있어요.

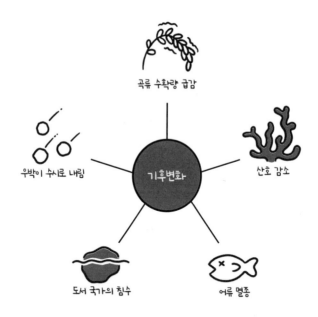

⑲ 운석 충돌로 인류가 멸망할 수도 있을까?

SF영화를 보면 거대한 운석이 날아와 지구와 충돌하는 내용이 자주 등장합니다. 그런 영화를 보면서 우리는 그저 오락거리로 즐길 뿐인데요. 현실에서도 그렇게 걱정할 거리는 아니겠죠? 앞에서도 살펴봤지만 많은 천문학자가 지구방위대가 되어 감시하고 있으니까요!

안타깝게도 장기적으로 봤을 때 대규모의 운석 충돌이 다시 일어날 확률은 거의 100%에 가깝습니다. 우리가 역사적인 지질학적 패턴을 살펴봤을 때 3,000만 넌마다 굉장히 큰 운석이 지구와 충돌했다는 게 통계적으로 나오거든요. 이미 우리가 아는 전례도 있습니다. 공룡이 살던 시기에도 한 번 떨어졌는데 당시 고양이보다 큰 동물은 다 멸종했다는 연구 결과가 있죠.

　물리학자 중에 암흑물질을 연구하는 리사 랜들^{Lisa Randall}*이라
는 유명한 분이 있습니다. 이 물리학자가 「주기적 운석 충돌의
방아쇠로서 암흑물질」이라는 흥미로운 논문을 발표한 적이 있
습니다. 리사 랜들은 원반 형태의 우리 은하 근처에 거대한 암흑
물질이 이중 원반을 형성하고 있다고 주장합니다. 사실 우리 은
하의 태양계를 포함한 모든 별은 수평으로만 원을 그리는 것이
아니라 마치 회전목마처럼 위아래로 진동하면서 돌고 있거든
요. 그런데 이렇게 한 번의 진동이 완성되는 데 총 주기가 6,000
만 년입니다. 그러니까 딱 3,000만 년마다 위로 한 번 지나가고
아래로 한 번 지나가고 하는 거예요.

---

* 리사 랜들 교수는 하버드대학 물리학과에서 이론물리학자로서 종신 교수직을 취득한 첫 번째
　여자 교수로, 입자물리학과 우주론을 연구하고 있다. '노벨상에 가장 가까운 여성 과학자'라는
　평가를 받는다.

공룡 살해범은 암흑물질이에요!

리사 랜들

리사 랜들은 태양계가 암흑물질 원반의 영향권에 들어갈 때 암흑물질의 중력을 받아 태양계 끝에 있는 '오르트 구름'*을 이루는 천체들의 궤도가 틀어질 수 있다고 말합니다. 그로 인해 3,000만 년 주기로 지구가 외계 천체와 충돌할 가능성이 커진다는 거죠. 그 결과 3,000만 년에서 3,500만 년 주기로 지구에 대형 유성체(혜성과 소행성) 충돌 사건이 일어났다고 합니다. 물론 아직 확실하게 검증되지는 않았습니다.

여기서 좀 소름 돋는 점이 있습니다. 우리는 현재 태양계의 위치가 어디쯤인지를 관측할 수 있습니다. 3,000만 년 주기가 대략 100만 년 전에 완성되어 지구가 암흑물질 원반의 가운데를 통과했고 지금 위쪽으로 가는 중입니다. 그러면 '100만 년 전

---

* 오르트 구름(Oort Cloud)은 태양계 가장 바깥쪽에서 먼지와 얼음이 둥근 띠 모양으로 결집되어 있는 거대한 집합소로 여겨지는 가상의 천체 집단.

에 통과했으니까 지금은 괜찮겠지'라고 생각할 수 있지만 멀리 떨어진 오르트 구름의 천체가 태양계 안으로 들어오기까지 걸리는 시간이 100만 년이에요. 그러니까 정말 그 학설이 맞다면 100만 년 전에 오르트 구름을 출발한 거대한 혜성들이 지구와 충돌할 시기가 가까워졌다는 이야기죠. 물론 아직은 지구방위대가 그런 위험성을 가진 천체를 발견하지는 못했지만 지금 당장 안 보인다고 해서 안심할 수는 없죠.

20 AI는 인류의 적이 될까, 친구가 될까?

최근 인공지능^AI의 발달이 급격하게 이뤄지고 있는데요. 챗GPT인가요? 걔한테 뭘 물어봤다가 예전 인터넷 검색 때와는 완전히 다르게 마치 내 말을 알아듣는 것 같아서 깜짝 놀랐거든요. 이게 가능한 건가 싶기도 하고, 정말 인공지능이 인간보다 똑똑해져서 〈터미네이터〉에 나오는 스카이넷처럼 우리를 공격할 수도 있을까요?

최근 개발된 거대 언어 모델^Large Language Model, LLM 기반 생성형 인공지능인 챗GPT가 인간과 대화를 해가면서 맞춤 대답을 내놓는 기능으로 불과 두 달 만에 무려 1억 명의 사용자를 끌어모았습니다. 과학자인 제게도 최근 인공지능의 발달이 너무 급격하게 느껴져서 충격을 받았습니다. 이런 속도가 100년 정도 이어진다면 지금 상상도 할 수 없는 미래가 우리에게 닥쳐 올 수도 있어요. 심지어 기술 발전 속도는 점점 더 빨라지고 있 거든요. 당장 인공지능 때문에 인류가 멸망한다기보다는 인공 지능이 만들어낸 가까운 미래의 불확실성이 너무 크다는 점이 일단 걱정이 됩니다.

챗GPT

대개 인공지능의 발전을 3단계로 구분합니다. 1단계는 정해 진 범위에서 반복 작업을 수행하는 '약인공지능'입니다. 인터넷 에서 스스로 데이터를 학습하지만 미리 프로그래밍된 특정 기 능을 벗어나지는 않죠. 우리가 늘 이용하는 내비게이션도 스스 로 교통 데이터를 가져와 빠른 길을 찾아준다는 측면에서 약인 공지능으로 볼 수 있습니다. 우리 스마트폰 안에는 이런 기능을 가진 앱들이 가득하죠.

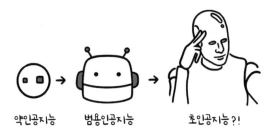

약인공지능   범용인공지능   초인공지능?!

인공지능 발전 3단계

이제 곧 다가올 2단계인 범용인공지능은 인간이 할 수 있는 모든 지적 작업을 스스로 결정을 내려가며 수행할 수 있는 수준입니다. 인류와 인공지능이 어떻게 공존할지에 관한 본격적인 도전이 시작된다고 볼 수 있어요. 2022년 3월에는 일론 머스크나 스티브 워즈니악을 포함한 1,000명이 넘는 전문가들이 당장 6개월간 인공지능 시스템 개발을 중단하고 대책을 먼저 협의해야 한다고 성명서를 발표했을 정도죠. 그렇다면 과학자들은 마지막 3단계의 인공지능을 어떻게 예상할까요?

최종 단계인 초인공지능은 인간의 수준을 훌쩍 뛰어넘는 판단까지 할 수 있는 수준으로 상정하고 있습니다. 아직은 인간의 이성과 감정의 실체가 무엇인지뿐만 아니라 기계가 인간의 그런 능력을 실제로 습득할 수 있을지에 관한 논쟁이 계속되고 있지만 벌써 거대 언어 모델 인공지능의 논리 전개 과정조차 인간은 정확하게 알 수 없는 단계에 접어들었으니까요. 초인공지능이 감정에 따른 결론을 내린 것 같은 외관을 갖춘다면 인간은 초인공지능이 감정을 가졌다고 느끼게 될 겁니다.

사람이 엔지니어나 변호사 같은 전문가가 되려면 오랜 시간이 필요하지만 인공지능은 순식간에 학습해서 인류 최고의 두뇌를 능가하는 스마트한 의사결정을 스스로 할 수 있겠죠. 정말 〈터미네이터〉의 스카이넷이나 〈아이언맨〉의 자비스 같은 인공지능이 등장하는 거죠. 인류에게 초인공지능이 스카이넷처럼 적대적일지, 자비스처럼 우호적일지는 현재로선 알 수 없지만, 한 가지 분명한 사실은 있습니다. 초인공지능이 탄생한 이후에는 그런 판단 자체가 이미 인간의 손을 떠나 있을 거라는 거죠.

우리가 원하는 것은 〈터미네이터〉의 스카이넷이 아니라 〈아이언맨〉의 자비스!

㉑ 무한동력은
정말 불가능할까?

저는 잘하면 무한동력이 가능할 것 같은 느낌적인 느낌이 있거든요. 진짜 설득력 있는, 저렇게 하면 영원히 멈추지 않을 것 같은데 하는 영상들도 많이 봤어요. 정말 무한동력은 불가능합니까?

과학계에서는 무한동력보다는 '영구기관Perpetual Mobile'이라는 용어를 더 많이 사용하는데요. 두 가지로 구분해서 살펴볼 수 있습니다. 하나는 열역학 제1법칙인 에너지 보존 법칙을 위배하는 영구기관이고, 두 번째는 열역학 제2법칙을 위배하는 영구기관이 있죠. 그런데 무한동력을 이야기하는 분들은 대개 첫 번째 종류의 제1종 영구기관을 말합니다.

영구기관은 말 그대로 외부에서 추가로 에너지를 투입하지 않아도 영구히 작동하는 기관인데, 이게 가능하려면 기관이 작동하면서 처음 에너지보다 더 많은 에너지가 생산되어야 합니다. 열역학 제1법칙은 열역학 계system의 내부 에너지의 변화량이 계에 들어온 에너지에서 계가 외부에 방출한 에너지를 뺀 것과 같다는 것입니다. 이러한 에너지 보존 법칙에 따라 에너지가 다른 에너지로 전환될 때 전환 전후의 에너지 총합은 항상 일정하게 보존됩니다. 그런데 어떤 기관이든 작동하면서 중력이나 마찰과 같은 저항이 발생하기 마련이고 이렇게 소모되는 에너지 때문에 추가적인 에너지 투입이 없다면 언젠가는 멈출 수밖에 없습니다.

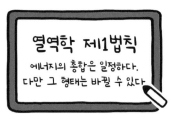

열역학 제1법칙
에너지의 총합은 일정하다.
다만 그 형태는 바뀔 수 있다

물리학자들은 이런 이유로 영구기관은 이론의 여지없이 분명하게 불가능하다고 판단합니다. 그런데도 무한동력을 연구하는 분들에게서 간혹 연락이 오곤 합니다. 안타깝게도 그분들은 설득이 되지 않아요. 제가 "열역학 제1법칙에 위배되므로 시도도 하지 않는 게 좋고, 어떻게 만들어도 성공할 수가 없습니다"라고 단호하게 말하면, 이분들은 급기야 열역학 법칙이 잘못됐다고 주장합니다. 에너지 보존 법칙은 물리학자들의 탁상공론일 뿐이고 현실은 그렇지 않다는 거예요. 하지만 열역학 법칙은 물리학의 다른 이론들과 정합적으로 얽혀 있거든요. 현대 과학 문명을 가능하게 한 뉴턴의 운동 방정식이나 맥스웰 방정식, 슈뢰딩거 방정식 등 물리학의 기본 이론들이 열역학 법칙을 부정하면 모두 새롭게 바뀌어야 합니다. 그러니까 다른 이론들은 그대로 두고 에너지 보존 법칙만 틀렸다는 건 전혀 받아들일 수 없는 주장인 거죠.

현실적으로는 어렵겠지만 누군가 저항이 제로인 기관을 만들었다 해도 마찬가지입니다. 저항이 제로면 에너지 총합이 유지는 되겠죠. 하지만 영구기관은 에너지가 늘어나야 합니다. 우리가 우주 공간까지 범위를 확장한다면 영겁에 가까운 시간을 움

직이는 것들은 많죠. 지구를 중심으로 달이 도는 것도, 태양을 중심으로 지구가 도는 것도 모두 에너지 보존 법칙에 부합하죠. 하지만 우리가 지구의 공전을 이용해 에너지를 추출하겠다고 나서면 지구의 공전 에너지는 줄어들면서 속도가 느려지고 공전 궤도가 변하겠죠.

열과 빛을 이용하든, 자석을 이용하든, 전기장치를 이용하든, 어떤 방법으로도 영구기관이 불가능하다는 데에는 다른 주장이 끼어들 여지가 전혀 없습니다. 열역학 법칙은 우주의 기본 원리니까요. 하지만 최근까지 우리 사회에서도 무한동력 발전기를 개발했다는 식의 사기가 벌어지곤 합니다. 과학 지식이 있다면 그런 사기극에는 절대 피해를 보지 않을 수 있지요.

22 초전도체는 얼마나 대단한 물질일까?

우리나라 과학자가 발표한 초전도체 관련한 논문이 세계적인 주목을 받았는데요. 초전도체가 뭐 얼마나 대단한 물질이길래 이 정도로 화제가 된 건가요?

세상의 모든 물질은 크게 도체와 부도체로 나눌 수 있습니다. 도체는 전기가 잘 통하는 물질이고, 부도체는 전기가 잘 흐르지 않는 물질을 말합니다.

우주의 모든 물질은 원자로 이루어져 있고, 원자는 원자핵을 중심부에 두고 전자로 둘러싸인 형태인데요. 원자핵에 매여 있지 않은 자유전자가 많으면 많을수록 전기가 잘 통하는 도체가 됩니다. 은이나 구리 같은 금속은 자유전자가 많아 전기뿐만 아니라 열에너지도 빠르게 전달합니다. 유리나 플라스틱, 고무 같은 물질은 자유전자가 없어서 전기가 잘 흐르지 못하는 부도체죠. 반도체라는 물질도 있는데, 이름 그대로 평상시에는 전기가 통하지 않는 부도체이지만 빛이나 열의 형태로 에너지가 공급되거나 특정 불순물을 첨가하면 도체처럼 전기가 흐릅니다. 이런 성질을 이용하면 전기 신호를 조종할 수 있어서 전자제품을 만들 때 반도체를 활용하는 거죠.

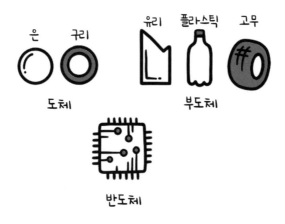

도체에도 어느 정도는 전기가 잘 흐르지 못하게 방해하는 저항이 존재합니다. 도체 안에 규칙적으로 배열되어 있는 원자는 진동하고, 그 영향으로 자유전자의 흐름을 방해하게 됩니다. 도체를 통해 흐르는 전류는 저항을 만나면 열에너지로 바뀝니다. 스마트폰이나 노트북 같은 전자제품이 뜨거워지는 이유이기도 합니다. 그런데 이런 원자의 진동을 약하게 만드는 방법이 온도를 낮추는 것입니다. 여기서 과학자들은 온도를 극단적으로 낮추다면 어떻게 될까 하는 질문을 떠올렸습니다. 그리고 실제로 실험한 결과 온도를 점점 내려서 극저온이 되면 갑자기 전기 저항이 0으로 뚝 떨어지는 '초전도 현상'이 나타나는 물질을 발견하게 됐어요. 이건 마치 한 번 발사하면 영원히 멈추지 않는 로켓을 발명한 것과 마찬가지죠. 전기에너지가 사라지지 않으니까요. 이런 초전도 현상에 대한 연구로 노벨상을 받은 과학자도 여럿입니다.

영화 〈아바타Avatar〉(2009)에서 인간들이 판도라 행성을 침략하는 이유가 바로 '언옵테늄Unobtanium'이라는 초전도체 물질을 구하기 위해서입니다. 언옵테늄의 영단어를 띄어놓으면 'Un + obtain + ium'으로, 글자 그대로 '구할 수 없는 물질'이라는 뜻입니다. 초전도체는 행성의 주인인 나비족을 학살하는 죄를 지으면서까지 집착할 정도로 값비싼 물건인 거죠. 그렇다면 초전도체를 인간이 자유롭게 일상적인 환경에서도 사용할 수 있다면 어떤 일이 벌어질까요?

전기를 저항 없이 온전히 배달할 수 있어서 인류 전체가 사용할 수 있는 에너지가 지금보다 풍족해집니다. 그리고 발전 과정에서 화석연료의 사용도 줄일 수 있어서 기후위기 문제를 해결하는 데에도 도움이 될 겁니다. 외부의 자기장을 완벽하게 밀어내는 마이스너 효과Meissner Effect를 이용하면 바닥과의 마찰 저항

없이 공중에서 떠서 이동하는 효율적인 운송수단도 늘어나겠죠. 모든 전자기기에서 전기 저항으로 발생하는 열을 획기적으로 줄일 수도 있습니다. 초전도체를 이용하는 양자컴퓨터가 우리가 살아가는 상온 상압에서 작동하게 되어서 엄청난 파급효과를 만들어낼 수도 있습니다. 솔직히 말하자면 어떤 변화가 인류를 기다리고 있을지 그 누구도 감히 상상하기 어려울 정도입니다.

모든 기술은 실생활에서 사용할 수 있어야 진정한 가치가 있지요. 지금도 MRI 등에 널리 이용되고 있는 초전도체는 극저온에서 작동하기 때문에 값비싼 액체 헬륨을 이용해야 해요. 현재 아주 높은 압력에서라면 상온에서도 초전도를 구현할 수 있다는 주장도 있지만, 우리의 일상생활 조건에서 사용할 수 있는 초전도체는 아직 만들어내지 못했습니다. 그렇지만 전 세계의 많은 과학자가 도전하고 있으니 언젠가는 일상에서 편리하게 사용할 수 있는 초전도체가 개발될 날이 오리라 기대합니다.

💬 구독자들의 이런저런 궁금증 2

Q1 세상을 형성하는 가장 기본 단위는 무엇이며, 그런 기본 단위들이 어떻게 결합해서 물질을 만들고 우주가 탄생하고 인간이 살아갈 수 있게 되었는지를 일관성 있게 이해할 수 있는, 현대의 과학자들이 합의하는 가장 주된 설명은 무엇인가요?

-o***1

우리 눈에 보이는 세상 모든 물질은 원자들로 이루어져 있어요. 그리고 원자는 가운데에 원자핵이 있고, 주변에 전자가 있는 모습이죠. 전자는 더 이상 나눌 수 없는 기본 입자입니다.

한편 원자핵은 양성자와 중성자로 이루어져 있는데, 이 둘은 또 위 쿼크(업쿼크), 아래 쿼크(다운쿼크)라는 두 종류의 기본 입자로 구성되어 있습니다. 세상 대부분 물질은 이처럼 위아래 쿼크, 그리고 전자로 주로 이뤄져 있습니다.

물리학의 표준 모형에 따르면 전자는 모두 여섯 종류가 있는 렙톤(Lepton)이라는 기본 입자의 하나이고, 쿼크도 모두 여섯 종류가 있습니다. 즉, 세상을 형성하는 기본 입자는 여섯 종의 렙톤과 여섯 종의 쿼크이죠. 렙톤과 쿼크가 물질을 구성한다면 입자들 사이의 상호작용을 매개하는 다른 종류의 입자들도 있어요. 강한 핵력을 매개하는 글루온, 약한 핵력을 매개하는 Z 보손과 W 보손, 그리고 전자기력을 매개하는 빛알(광자)들이죠. 이와는 별도로 세상 만물의 질량을 부여하는 힉스 입자도 있습니다.

Q2 중력이 생기는 이유는 뭔가요?
-t***d

중력이 생기는 이유를 인류는 아직 모릅니다. 다만 중력의 작용을 설명하는 이론인 아인슈타인의 일반상대성 이론이 있을 뿐입니다. 일반상대론에 따르면 질량이 있는 물질이 있으면 그 주변의 시공간에 변형이 생깁니다. 2차원 평면 위에서 두 점 사이의 거리 제곱은 X^2+Y^2이라고 적죠? 일반상대론의 시공간 변형은 X^2과 Y^2 앞의 숫자가 1이 아니라 다른 수로 바뀌는 것과 같습니다. 질량 주변의 시공간에 변형이 생기면, 다른 힘이 없을 경우 물체는 이 변형된 시공간에서 가장 짧은 경로를 따라 움직여요.

그런데 시공간에 변형이 생겼으니 멀리서 보면 물체가 똑바로 가지 않고 휘어진 경로를 따라 움직이는 것처럼 보입니다. 멀리서 온 별빛이 우리 눈에는 중력의 영향으로 휘어져 온 것으로 보이지만, 그 빛은 가장 짧은 경로를 따라 진행한 것입니다.

Q3 반물질은 공상과학 소설에서나 나오는 개념인 줄 알았는데 실제 존재한다는 이야기를 듣고 신기하면서도 무서워졌습니다. 반물질이 정확히 뭔가요?
-석***q

모든 물질을 구성하는 입자는 반대의 성질을 가진 반입자와 짝을 이룹니다. 전자의 반입자를 양전자라고 해요. 양전자는 전자와 같은 질량을 가지고 있지만 반대의 전하를 가지고 있어요. 그리고 전자와 양전자가 서로 만나면 광자를 방출하면서 소멸합니다.

전자뿐만 아니라 모든 입자는 반입자가 있어요. 반양성자와 양전자를 모아서 반수소 원자를 만들어낼 수도 있어요. 우주에는 현재 물질만 있습니다. 반물질이 있다고 해도 주변의 물질과 만나 에너지를 방출하면서 이미 소멸했을 것이 분명하기 때문에 지금의 우주에는 물질만이 남아 있는 것이죠.

반물질 얘기는 흥미롭지만 걱정할 필요는 전혀 없어요. 우리가 매일을 살아가는 세상에서 거시적인 크기의 반물질 덩어리를 누군가 만들어내서 어느 정도의 시간 동안 유지하는 것은 불가능하기 때문이죠.

우주가 탄생할 때 물질과 반물질이 같은 양으로 만들어졌을 것이라고 추정됩니다. 이후의 과정에서 물질과 반물질 사이에 아주 약간의 차이가 저절로 만들어졌고, 그로 인해서 현재 물질만이 남아 있는 우주가 된 것으로 보입니다. 물질과 반물질의 차이가 어떻게 저절로 만들어졌는지는 여전히 물리학자들이 연구하는 중요한 주제입니다.

Q4

인간의 사고와 기억의 본질이 과학적으로는 결국 분자의 배열 형태라는 게 사실인가요? 그럼 분자를 똑같이 배열한다면 그것은 생각할 수 있게 되는 걸까요?
-o**

물리학자들은 세상 모든 것들이 결국 원자, 그리고 원자들이 모인 분자로 이루어져 있다고 생각합니다. 네, 맞습니다. 현실적으로 가능하다고 생각하지는 않지만, 만약 제 몸과 뇌를 구성하는 모든 분자가 정확히 같은 위치와 배열로 나열되고 정확히 같은 물리적 상태에 놓인다면 그 존재가 바로 '나'라고 할 수 있어요. 우리 뇌에서 일어나는 사고의 과정도 결국 분자들의 배열에서 비롯하기 때문이죠. 물론 어떻게 분자들의 배열에서 생각이 떠오르는지를 우리는 알지 못하고, 아마 앞으로도 알기 어렵겠지만 생각의 근원은 적절한 방식으로 배열된 분자들의 상호작용입니다.

Q5

귀신을 봤다고 주장하는 사람들이 있는데, 그들이 본 것이 다른 차원의 생물과 접촉한 것은 아닐까요?
-o17******r

우리가 살아가는 공간은 3차원입니다. 만약 공간이 4차원이고, 4차원의 존재가 우리가 살아가는 3차원의 공간에 등장하면, 우리는 아무것도 없던 3차원 공간에 갑자기 어떤 존재가 출현한 것으로 보일 겁니다. 하지만 그렇다고 해서 사람들이 봤다고 주관적으로 생각하는 귀신이나 유령이 4차원의 존재가 출현한 것이라고는 생각하지 않습니다. 우주 어디를 관찰해도 우리가 사는 곳과 차원이 같고, 동일한 물리학이 적용되고 있거든요. 귀신이 4차원의 존재라고 가정하는 것보다는 사람들이 아주 적은 외부의 정보로부터 그릇된 판단과 인식을 했다고 생각하는 편이 훨씬 더 개연성이 있다고 생각합니다.

PART

3

그것이 알고 싶다!
원자력과 핵폭탄

1 인류 역사상 가장 강력했던 폭탄은 무엇일까?

1939년에서 1945년까지 이어진 2차 세계대전 때 히로시마와 나가사키에 미국이 두 차례 핵폭탄을 투하하면서 일본을 굴복시키는 데 큰 역할을 했는데요. 실제 폭발했던 핵폭탄 중 인류 역사상 가장 강력했던 것은 무엇인가요?

냉전 시대 소련이 성능 시험을 위해 터트렸던 50MT급 수소폭탄 '차르봄바Tsar Bomba, Царь-бомба'가 있습니다. '차르'는 러시아어로 황제, '봄바'는 폭탄이라는 뜻이니 차르봄바는 '폭탄의 황제'라는 뜻을 가진 이름이죠. 차르봄바는 일본에 떨어졌던 원자폭탄과 달리 수소폭탄인데요. 원자폭탄은 핵분열 작용을 이용하고, 수소폭탄은 핵분열 폭발로 만들어낸 고온고압으로 핵융합 반응을 일으켜 대부분의 폭발력을 얻습니다. 사실 지구상에 존재하는 모든 에너지의 원천인 태양이 바로 계속해서 폭발하는 핵융합 공장이라고 볼 수 있죠. 우주에서 가장 단순한 원자인 수소가 핵융합 반응으로 결합하면 헬륨이 되는데 이때 일정 질량이 에너지로 방출됩니다. 바로 우리가 익히 들어본 아인슈타인 방정식 $E = mc^2$에 따른 결과죠.

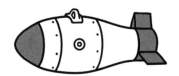

길이 8미터, 지름 2미터, 무게는 27톤

이름 그대로 폭탄의 제왕 '차르봄바'

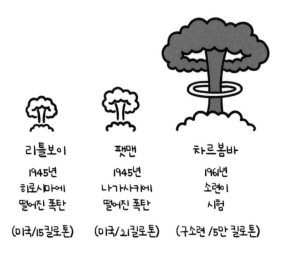

리틀보이	팻맨	차르봄바
1945년	1945년	1961년
히로시마에	나가사키에	소련이
떨어진 폭탄	떨어진 폭탄	시험
(미국/15킬로톤)	(미국/21킬로톤)	(구소련/5만 킬로톤)

자료: 자유유럽방송

그렇다면 수소폭탄 차르봄바의 폭발력은 어느 정도였을까요? 그보다 먼저 폭발이란 뭘까요? 무언가가 급격하게 불타오르면서 매우 짧은 시간 안에 커다란 압력으로 뜨거운 기체를 방출하고 팽창시키는 현상을 우리는 '폭발'이라고 부릅니다. 팽창하는 열기와 압력은 가로막는 물체를 깡그리 태우거나 무너뜨려버리죠.

인류가 최초로 발견한 폭발 물질은 화약입니다. 현재도 대부분 총기는 화약을 사용해서 총알을 쏘아 보내죠. 사람들은 좀 더 위력이 큰 폭발 물질을 찾기 시작했고, 그래서 사용한 물질이 삼질화톨루엔Trinitrotoluene, 줄여서 TNT라고 부릅니다. 그 이후로 폭탄의 위력을 설명할 때는 TNT를 기준으로 삼는데요, TNT 1kg은 대략 수류탄 5개를 한꺼번에 터트릴 때의 폭발력입니다.

TNT 구조

히로시마에 떨어진 원자폭탄의 별명은 '리틀보이'였지만, 그 위력은 절대로 '리틀'하지 않았습니다. 1945년 8월 6일 오전 8시에 투하되어 히로시마 상공 550m 지점에서 폭발한 원자폭탄은 무려 14만 명이 넘는 목숨을 앗아갔죠. 안타깝게도 이 가운데에는 일본으로 끌려간 우리나라 사람 2만여 명이 포함되어 있었습니다. 폭탄이 떨어진 곳의 온도는 4,000℃가 넘어 말 그대로 주변 모든 것을 한순간에 증발시켜버렸죠. 측정된 폭발력은 TNT 1만 5,000톤을 넘었습니다. 1,000kg이 1톤이니까 15,000,000kg, 즉 TNT 1,500만 kg의 무지막지한 위력이었죠. 그런데도 일본 군부는 현실을 부정하며 항복하지 않았고 결국 미국은 사흘 뒤인 8월 9일 나가사키에 다시 한 번 핵폭탄 팻맨을 투하합니다.

2차 세계대전이 일본의 무조건 항복으로 막을 내리자 인류는 핵폭탄의 위력을 절감하며 두려움을 느꼈습니다. 아마도 그 무시무시한 폭발력 때문에 실제 전쟁에서 핵폭탄이 쓰인 건 히로시마와 나가사키가 역사상 마지막이 되지 않았나 싶습니다. 하지만 2차 세계대전 이후 전개된 자본주의 진영과 공산주의 진영 간의 냉전 시대에 미국과 소련은 서로 더 무시무시한 핵폭탄을 개발하겠다고 치열하게 경쟁했습니다.

미국이 '아이비 마이크' 실험에 성공하자 이에 맞대응하기 위해 소련은 1953년 건식 수소폭탄 RDS-6s의 실험에 성공했지만 위력은 TNT 40만 톤급 정도였습니다. 8년 뒤 1961년 마침내 소련은 수소폭탄 차르봄바를 시베리아 너머 외딴 섬 노바야젬랴에서 터트립니다. 그 위력은 50메가톤, 계산해보면 50,000,000,000kg, 즉 500억 kg이 넘은 것으로 추정됩니다. 이때 발생한 지진파가 지구를 세 바퀴나 돌았고 900km 떨어진 핀란드에 있는 건물 유리창이 깨질 정도였습니다. 터지면서 만들어진 불꽃 자체의 크기만 지름 8km 규모여서 그 안에 있는 모든 것이 말 그대로 증발해버렸죠. 폭발 지점 100km 바깥에서도 3도 화상을 입을 정도의 열기가 뿜어졌다니, 그 여파를 생각하면 말 그대로 어지간한 면적의 나라 하나는 초토화가 되겠죠.

더 무시무시한 건, 원래는 100메가톤의 폭발력을 계획했다는 겁니다. 하지만 폭발 후폭풍으로 전폭기가 뒤집히고 조종사가 죽는 결과를 소련의 개발자들이 피하고자 마지막 순간에 폭탄 외피를 바꿔 끼우면서 위력을 절반으로 줄였어요. 그런데도 실제 폭발력은 58메가톤이었죠.

다행스러운 건 차르봄바 이후에도 경쟁적인 핵실험이 계속해서 이루어지긴 했지만, 그 규모를 넘어서는 핵폭발은 없었습니다. 1991년 소련이 해체된 후에는 전략무기감축 협정이 체결되어 전 세계에 존재하는 핵탄두의 개수도 점점 줄어들고 있습니다. 하지만 여전히 북한이라든가, 우크라이나와 전쟁 중인 러시아를 생각하면 완전히 안심할 수는 없는 상황이죠.

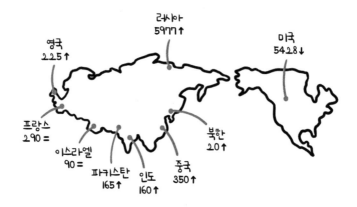

영국
225↑

러시아
5977↑

미국
5428↓

프랑스
290 =

이스라엘
90 =

파키스탄
165↑

인도
160↑

중국
350↑

북한
20↑

주요국이 보유한 핵무기 추정 규모

자료: 미국과학자연맹(FAS)

② 비키니는 원래부터 수영복 이름이었을까?

비키니Bikini는 원래 수영복 이름이 아니라 무슨 핵실험과 관련이 있다던데, 무슨 내용입니까?

사실 비키니는 현대사의 비극을 품은 슬픈 이름입니다. 미국은 히로시마, 나가사키에서 핵폭탄을 터뜨려 2차 세계대전을 마무리한 후, 좀 더 호기심이 생겨서 본격적인 핵실험을 준비합니다. 그래서 구한 장소가 태평양의 외딴 곳에 있는 '비키니 환초Bikini Atoll'인데요. 환초라는 건 둥그런 고리 모양의 산호초로 이루어진 섬을 부르는 말입니다. 현재는 마셜제도 공화국에 속한 섬이지만 당시에는 미국의 지배를 받았습니다. 마치 천상의 세계처럼 느껴지는 곳이어서 핵실험장이 되는 운명만 아니었다면 지금까지도 세계적인 휴양지로 사랑받았을 겁니다.

엉뚱한 상상은 금지~
비키니는 섬이라고!

2차 세계대전이 끝나고 1년 뒤인 1946년부터 미국은 비키니 섬을 핵실험 장소로 정하고, 그곳의 원주민들을 강제로 이주시 킵니다. 2년만 지나면 돌려보내 주겠다고 약속했지만 처음부터 지키기 힘든 약속이었죠. 실제로 원주민들이 섬으로 돌아간 건 그로부터 거의 30여 년이 흐른 뒤였습니다. 그마저도 높은 방사 능 수치 때문에 일부 주민이 백혈병 등의 질환에 시달리자 어쩔 수 없이 4년 만에 다시 섬을 떠나야 했고, 지금까지도 비키니섬 은 사람이 살 수 없는 곳이 되어버렸고, 원주민들은 완전한 보상 을 받지 못한 채 시련을 겪고 있습니다. 오히려 기후위기라는 또 다른 재난을 만나 마셜제도 자체가 바닷속으로 사라질 위험에 처해 있죠.

미국은 1946년부터 1958년까지 12년 동안 비키니섬에서 총 23번의 핵폭탄 실험을 했습니다. 그 결과 환초 전체가 피해를 입었으며, 특히 1954년 '캐슬 브라보'라는 이름으로 실시된 미국 최초의 수소폭탄 실험은 히로시마에 투하된 원자폭탄 리틀보이의 1,000배에 달하는 위력이었으며, 3개의 섬을 흔적도 없이 증발시켜버렸습니다. 폭발 현장에는 폭 2km, 깊이 80m 규모의 거대한 구덩이가 생겼으며 150km나 떨어진 곳에 있는 롱겔라프섬 주민들까지 방사능 낙진에 노출돼 목숨을 잃는 사태가 벌어졌습니다.

핵실험지가 된 비운의 섬, 비키니섬

미국이 연속해서 핵실험에 성공했다는 소식은 순식간에 전세계로 퍼져 나갔죠. 비키니섬의 원주민들이 입은 피해는 아랑곳하지 않고 미국인들은 사상 유례없는 최강의 무기를 보유하게 됐다는 소식에 열광했습니다. 핵폭발 실험을 직접 관람하는, 지금의 관점에서 생각해보면 정말 어이없는 쇼가 벌어지기도 했고, TV로 생중계를 하기도 했습니다. '원자'라는 이름이 붙은 각종 상품이 등장하기도 했으며, 심지어 미스 원자를 뽑는 미인 대회까지 열렸습니다. 당시 프랑스의 발명가 루이 레아르는 패션디자이너 자크 앵과 함께 여성용 투피스 수영복을 만들어 발표하면서 파격적인 노출이 핵폭탄급의 인기를 받을 것이라며 '비키니'라고 이름 붙였죠. 인류 역사의 서글픈 아이러니가 아닐 수 없습니다.

'비키니'라… 이름이 찰떡같이 어울려.

루이 레아르

원자폭탄 시험의 충격만큼
파격적인 비키니를 만든 루이 레아르

최근 비키니섬에서 여전히 러시아의 체르노빌이나 일본의 후쿠시마보다 높은 수준의 방사능 수치가 검출됐으며 앞으로도 사람의 출입을 통제해야 한다는 컬럼비아대학 연구진의 조사 결과가 발표되기도 했습니다. 또 주변 바다는 오랜 기간 어업 활동을 하지 못하면서 상어가 들끓는 위험한 곳이 되어버렸습니다. 우리가 '비키니'에 열광하는 것도 좋지만 인류 평화를 위해 그 이름에서 핵무기의 위험성을 떠올리고 경계하는 자세 역시 필요해 보입니다.

3 지구의 바다는 이미 방사능에 오염된 건 아닐까?

요즘 일본 후쿠시마 핵오염수 방류를 걱정하는 목소리가 높습니다. 이미 세계 여러 국가에서도 핵실험을 많이 한 것으로 아는데, 그때 발생한 방사성물질은 다 어떻게 되었나요? 이미 지구의 바다는 오염돼버렸고 해산물도 다 방사능 덩어리라고 말하는 분들도 있던데, 그건 맞는 말입니까?

부분적으로 맞는 이야기일 수도 있습니다. 지금까지 인류는 무려 2,000번이 넘는 핵실험을 한 것으로 알려져 있기 때문이죠. 세계 최초 핵실험의 이름은 미국에서 실시한 삼위일체라는 뜻의 '트리니티Trinity'였습니다. 이 단어를 보고 『성경』을 떠올릴 수도 있지만, 사실은 존 던이라는 시인이 쓴 시의 첫 구절에 나온 'Three-person'd God(삼인조 신)'에서 따온 거예요.

미국은 2차 세계대전이 진행되던 도중에 나치 독일 등에 대항하기 위해 원자폭탄 제조를 목표로 맨해튼 프로젝트를 시작했습니다. 로버트 오펜하이머Robert Oppenheimer의 지휘 아래 1945년 7월 마침내 원자핵 속에 숨어 있던 가공할 에너지가 인간의 손에 의해 뿜어져 나왔죠. 미 대륙 남쪽 중심에 있는 작은 도시 로스앨러모스 아래 사막 한가운데였습니다. 플루토늄 폭탄이었는데 극비 사항이라 몇 사람 빼고는 모두들 '가젯Gadget', 즉 '장치'라고만 불렀죠. 혹시라도 극비 사항이 적국, 특히 소련에 흘러 들어갈까 봐 은어를 쓴 겁니다. 오펜하이머는 거대한 폭발을 바라보며 이렇게 뇌까렸지요. "나는 이제 죽음이요 세계의 파괴자가 되었다Now I am become death, the destroyer of worlds." 힌두 성전『바가바드 기타』에서 따온 말이죠. 그리고 그날을 다음과 같이 회상했습니다. "우리는 세상이 예전 같지 않을 것임을 알았다. 몇몇은 웃었다. 몇몇은 울었다. 대개는 아무 말도 하지 않았다."

맨해튼 프로젝트와 오펜하이머

트리니티 핵실험은 인간이 핵분열과 핵융합의 위력을 밝혀내는 기나긴 여정의 서막일 뿐이었습니다. 1945년 최초의 핵폭발이 이뤄진 뒤 무려 2,000번이 넘는 핵실험이 이어졌습니다. 지금 핵폭탄 보유국으로 알려진 미국, 러시아(구소련), 영국, 프랑스, 중국, 인도, 파키스탄, 북한 등이 실제 핵실험을 한 것으로 알려져 있습니다. 이스라엘은 남아프리카공화국, 프랑스와 함께 비밀리에 핵실험을 한 것으로 알려졌지만, 여전히 모호한 입장을 견지하고 있어요. 물론 미국이 1,000여 차례, 소련이 700여 차례로 대부분을 차지합니다.

세계가 미국을 중심으로 한 자유 민주주의 국가들과 소련을 중심으로 한 공산주의 국가들로 나뉘어 한창 긴장감이 고조되던 1960대 초반에 서로 경쟁하듯이 핵폭탄을 마구 터트렸고, 역사상 가장 강력했던 차르봄바 역시 이 시기에 폭발했습니다. 다행히 소련이 페레스트로이카라는 개혁 정책을 펼치면서 냉전 체제가 무너져 1990년대부터는 핵실험이 급격히 줄어들었습니다. 1996년에는 포괄적핵실험금지조약Comprehensive Nuclear Test Ban Treaty이 체결되면서 핵실험이 원칙적으로 금지되었습니다.

하지만 21세기에 들어서도 핵실험을 강행했을 뿐만 아니라 앞으로도 멈추지 않겠다는 세계 유일의 국가가 바로 북한입니다. 북한의 핵실험과 관련해서 세계가 그렇게 민감하게 반응하는 것도 그런 이유 때문입니다. 인류의 생존을 위협하는 핵무기

개발 경쟁에 다시 불을 붙이는 도화선이 될지도 모르니까요.

세계에는 핵실험이나 원자력발전소 사고로 인해 지금까지도 사람이 접근해서는 안 되는 곳이 여러 군데 있습니다. 러시아의 체르노빌이나 카라차이 호수, 일본의 후쿠시마, 태평양의 비키니 환초 등과 같이 널리 알려진 곳 외에도 원자력발전소 관련 사고를 겪거나 핵실험을 했던 각 나라에서는 일반인의 출입을 통제하며 비밀리에 관리하는 곳이 많을 것으로 추정합니다. 20세기 최악의 원전 참사로 기록된 구소련 시절의 체르노빌은 1986년에 사고가 발생해 상당한 시간이 흘렀지만 그 피해는 여전히 현재 진행형입니다. 당시 계획도시로 만들어진 체르노빌의 프리피야트는 인구 5만 명이 살았지만, 지금은 유령도시로 전락했습니다. 전문가들은 최소 900년은 지나야 이곳의 방사능 수치가 낮아질 것이라고 말합니다.

여기서 2011년에 일어난 후쿠시마 원전 사고와 체르노빌 원전 사고의 원인은 어떻게 다르고 어떤 차이가 있는지 살펴볼까요. 체르노빌 원전 사고와 후쿠시마 원전 사고는 둘 다 국제원자력사고등급INES에서 7등급, 그러니까 최고 위험 단계로 분류되었습니다. 체르노빌 원전 사고는 원전에 대한 지식과 안전 개념이 미미할 때 일어났습니다. 당시 전원이 상실되면 터빈의 관성력으로 얼마나 많은 전기를 생산할 수 있는지를 실험하고 있었습니다. 실험을 위해 원자로 출력을 30%까지 낮추었는데 운전원의 실수로 출력이 더 떨어졌고 다시 올리려고 했으나 뜻대로 되지 않아 끝내는 출력을 제어할 수 없는 지경에 이르렀습니다. 그리하여 출력의 폭주로 인한 높은 증기압으로 첫 번째 폭발이 일어났고, 뒤이어 파손된 핵연료와 감속재의 화학 반응으로 수소가 발생해 수소 폭발이 일어났습니다.

한편 후쿠시마 원전 사고는 2011년 대지진이 발생하여 원자로가 자동 정지된 상태였지만 45분 후 덮친 지진해일로 변전설비와 비상발전기, 축전지 등이 침수되면서 전력 공급이 완전히 끊

	체르노빌 원전 사고	후쿠시마 원전 사고
사고 발생 시기	1986년 4월 26일	2011년 3월 11일
방식	흑연 감속 압력관형 비등경수로	비등경수로
감속재	흑연	경수(정수된 물)
냉각재	경수(정수된 물)	경수(정수된 물)
사고 경위	실험 중 원자로 폭발	1~3호기 원자로 파손, 4호기 핵연료저장조 파손 및 수소 폭발

졌습니다. 핵연료를 감싸고 있는 피복관이 고온의 수증기와 반응하여 수소가 발생하였고 이것이 계속 쌓이면서 수소 폭발이 일어났습니다. 건물이 파손되면서 방사능이 유출되었습니다. 원자력 발전은 전력과 그에 따른 냉각수를 끊임없이 공급해야 하는데, 이것이 중단되면 사고 위험이 크지요.

각설하고, 핵실험으로 다시 돌아올게요. 핵실험은 육지에서도 많았지만, 바다에서도 많이 이루어졌죠. 비키니 환초에서만 무려 400번에 가까운 수소탄, 원자탄 실험이 이루어졌으니까요. 그때만 하더라도 원자탄을 바다에 집어넣으면 꺼지지 않을까 하는 순진한 생각을 했던 것 같습니다. 당연히 절대 꺼지지 않죠. 물질의 연소로 인한 불꽃과 달리 중성자를 충돌시켜 핵이 분열하면서 나오는 불꽃이니까요. 이때 생성된 방사성물질로 주변 바다는 엄청나게 오염됐고, 엘니뇨나 라니냐 현상에 따른 해류에 실려 태평양 전체로 흘러갔겠죠. 그 후로 60년이 흘렀습니다. 이렇게 천천히 일어나는 일에는 인체가 적응을 합니다. 하지만 지금 후쿠시마와 관련해서는 경우가 다르죠. 특히 사고가 난 원전에 지금 쌓여 있는 방사성물질의 농도가 높은 데다 그 양이 많아요. 핵연료로 치면 1,000톤 가까이 되는데 지금까지 핵실험에 쓰인 건 기껏해야 2,000kg 정도, 그러니까 후쿠시마에서는 그 500배 정도 되는 양을 방류하겠다는 것입니다. 그래서 걱정이 많이 됩니다.

4 오펜하이머는 정말 소련의 간첩이었을까?

맨해튼 프로젝트는 핵에너지의 폭발력을 현실에 구현해서 2차 세계대전을 끝냈지만 지구 종말의 위험성도 키웠다는 평가를 받습니다. 그 프로젝트의 총책임자가 오펜하이머였는데요. 그는 오히려 죽을 때까지 소련 스파이라는 의심을 받았다고 합니다. 갑자기 여기에 얽힌 사연이 궁금하네요.

처음 맨해튼 계획이 세워질 당시에는 원자탄, 수소탄이란 용어가 나오기 전이니까, 그저 뭔가 어마어마하고 무시무시한 무기, 재래식 무기를 훨씬 뛰어넘는 뭔가를 만들어보자는 의도였죠. 그때 고용된 총 인원이 13만 명에, 연구비는 20억 달러에 달했습니다. 독일이 이미 끔찍한 무기를 만들고 있다는 소식이 들려오자 원자력의 비밀을 짐작하고 있던 미국 과학자들은 이대로 있어서는 안 된다는 경각심을 느꼈습니다. 특히 독일 나치의 유대인 학살을 피해 미국으로 망명했던 학자들에게는 공포 그 자체였을 겁니다. 마침내 헝가리 출신 물리학자 레오 실라르드Leo Szilard가 아인슈타인을 설득해 서명을 받아낸 편지를 미국 루스벨트 대통령에게 보내면서 이 거대한 프로젝트가 닻을 올렸습니다. 원자력의 비밀이 담긴 방정식이 $E=mc^2$이라면 이론의 창시자에게 미리 허락을 받은 셈이죠.

그때 미국 국방부는 2차 세계대전으로 늘어난 업무를 처리할 공간이 필요해서 청사를 새로 지어야 했는데, 미국 공병부대의 레슬리 그로브스 대령이 18개월이라는 단기간에 늪지대를 다져 건물을 완공하는 불도저 같은 추진력을 보여 고위층에게 깊은 인상을 남겼죠. 이 건물은 독특한 오각형 모양새로 '펜타곤'이라 불리며 지금도 미 국방부 건물로 사용되고 있습니다. 루스벨트 대통령은 그로브스를 장군으로 승진시켜 핵폭탄 개발 임무를 맡겼고, 그로브스가 괴짜 기질을 가진 귀재 오펜하이머를 찾아내 비밀 프로젝트의 책임자로 추천합니다. 오펜하이머는 대학생일 때 강의가 마음에 안 든다며 강단에서 교수를 끌어내리고 자신을 인정하지 않는 교수를 죽이겠다면서 독사과를 책상 위에 놓아두기도 하는 등 괴팍한 성격으로 유명했거든요.

진짜 문제는 오펜하이머 주변에는 공산주의자들이 많았고 그역시 공산주의 사상에 우호적이었다는 사실입니다. 실제로 오펜하이머가 이 거대한 연구 프로젝트의 책임자로 임명되는 데 많은 사람이 반대했고 이때부터 슬슬 음모론이 생겨나기 시작합니다. 오펜하이머는 일정 질량 이상의 중성자별은 자체 중력으로 붕괴하여 블랙홀이 된다는 사실을 밝혀내는 등 유능한 과학자였지만 그보다 명성이 높고 나이도 많은 동료 과학자들을 이끌기에는 부족하다고 생각하는 사람도 많았거든요. 오펜하이머는 물리학 이외에도 미술품을 수집하거나 시를 쓰는 일을 즐겼습니다. 당시의 또 다른 천재 물리학자 폴 디랙Paul Dirac은 오펜하이머가 시를 쓴다는 사실을 듣고 "과학은 아무도 모르던 사실을 알아들을 수 있는 말로 설명하는 것이고, 시는 이미 모두가 아는 사실을 아무도 못 알아듣는 말로 표현하는 것"이라며 두 가지 일을 함께하는 건 이해할 수 없다고 말한 일화도 전해집니다.

알다시피 맨해튼 프로젝트는 성공적으로 핵무기를 개발했고 일본 히로시마와 나가사키에서 수십 만의 사상자를 발생시키며 2차 세계대전을 끝냈습니다. 그로브스의 믿음대로 오펜하이머는 깊은 물리학 지식과 복잡한 사안의 핵심을 정확히 파악하는 통찰력, 막대한 예산의 연구 프로젝트를 관리하는 행정력, 천재 과학자들을 이끄는 통솔력을 모두 보여주며 인류 역사상 최대의 과학 실험을 완성해냈죠.

이후에도 미국은 핵폭탄의 위력에 감탄하며 소련과의 경쟁을 위해 더 강력한 수소폭탄을 개발하려고 합니다. 그런데 오펜하이머가 이 계획에 반대하고 나섭니다. 마침 미국 정치권에서 공산주의를 색출해내겠다는 비이성적인 매카시즘*의 광풍이 불어닥쳤습니다. 더구나 그때 핵무기 개발 경쟁에서 한참 뒤떨어졌을 거라 생각했던 소련이 원자폭탄과 수소폭탄 개발에 모두 성공하죠. 그렇게 오펜하이머는 소련의 간첩이 아니냐는 의심까지 받게 됩니다. 결국 그는 모든 공직에서 물러나야 했고 보안 정보에 접근하는 권한마저 박탈당했죠. 말년에는 프린스턴 고등연구소에서 강의와 저술을 하다가 평생 입에서 떼지 않았던 담배 때문인지 후두암으로 62세에 세상을 떠났습니다. 놀라운 건 합리적으로 판단했을 때 명백한 누명임을 알 수 있었음에도 그의 간첩 혐의가 공식적으로 벗겨진 것은 사후 반세기가 훌쩍 지난 2022년이었다는 사실입니다.

내가 죽고도 55년이 지나서야 공산주의자 누명에서 벗어났군! ㅠㅠ

오펜하이머

---

* 매카시즘(McCarthyism)은 1950~54년 미국을 휩쓴 일련의 반공산주의 선풍을 말한다. 미국의 상원의원 매카시가 국무부의 진보적 인사들을 공산주의자로 규정한 발언에서 비롯되었다.

5 핵폭탄이 그토록
강력한 이유는 뭘까?

핵분열이나 핵융합에서 나오는 에너지는 왜 이 정도로 어마어마한 거죠? 우리가 장작으로 불을 피우든, 뭐 석유나 석탄을 사용하든, 감히 상상할 수도 없는 규모잖아요. 도대체 여기에 무슨 물리학적인 이유라도 있는 겁니까?

가장 큰 원인은 빛의 속도가 빨라서입니다. 핵분열이나 핵융합 반응으로 질량의 차이가 발생하면 그 크기에 광속의 제곱을 곱한 만큼의 에너지가 방출되거든요. 빛의 속도가 워낙 크고 다시 제곱하면 훨씬 더 커지니까 방출되는 에너지의 크기도 어마어마해지는 거죠.

이쯤에서 어떤 공식 하나가 떠오르는 분이 많을 텐데요. 맞습니다!

$$E=mc^2$$

바로 아인슈타인의 방정식이죠. 질량과 에너지의 동등성, 다시 말해서 질량과 에너지는 똑같은 본질의 다른 형태라는 것을 보여주는 방정식으로 아인슈타인의 특수상대성 이론에서 도출되는 원리 중 하나죠. 이 방정식에서 c가 빛의 속도, 즉 3 곱하기 10의 8승인데, 제곱하면 10의 17승 정도의 큰 수가 됩니다. 아주 작은 질량이 사라지는데도 그렇게 무지막지한 에너지가 나오는 이유입니다.

질량을 가진 물질이 한두 종류가 아닌데도, 핵 반응을 끌어내기 위해 우라늄이나 플루토늄, 수소 같은 특정 물질을 사용하는 데는 이유가 있습니다. 철을 기준으로 원자 번호가 멀리 떨어져 있을 때 훨씬 더 많은 에너지를 얻을 수 있거든요. 그래서 수소를 이용한 핵폭탄, 그다음에 우라늄이나 플루토늄을 폭탄의 원료로 사용하죠. 철의 원자핵은 안정적이어서 쉽사리 핵분열도 하지 않고 핵융합도 하지 않습니다.

기본적으로 모든 물질은 원자로 이루어져 있죠. 원자는 중심부에 양성자와 중성자가 모여 있는 원자핵이 존재하고 그 주변을 전자가 둘러싸고 있습니다.

우리가 석유나 석탄을 태우는 건 일종의 화학 반응인 산화 반

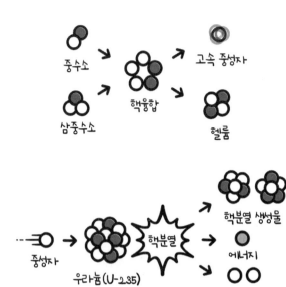

중수소

삼중수소

핵융합

고속 중성자

헬륨

중성자

우라늄(U-235)

핵분열

핵분열 생성물

에너지

중성자

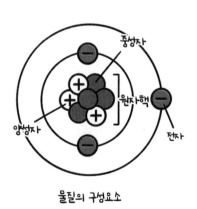

중성자

원자핵

양성자

전자

물질의 구성요소

응입니다. 산화^{酸化}는 물질이 산소와 결합하는 현상인데, 그 과정 전후의 화학적 에너지의 차이에 의해서 열과 빛이 생성되죠. 그런데 주로 원자핵에서 멀리 떨어져 있는 전자가 관여하는 화학적 에너지보다 원자핵 자체가 나뉘는 과정에서 발생하는 에너지가 훨씬 더 큽니다. 다만 원자핵을 쪼개는 것이 문제인데, 아무래도 조그만 것보다는 크기가 큰 게 잘 쪼개지겠죠. 그래서 원자핵에 많은 중성자와 양성자를 가지고 있어서 원자 번호가 큰 우라늄을 사용하는 겁니다. 중성자를 우라늄의 핵에 강하게 충돌시키면 쪼개지면서 충돌 전후에 약간의 질량 차이가 생깁니다. 그 질량 결손만큼에다 지구를 1초에 일곱 바퀴 반을 도는 광속의 제곱을 곱한 값의 에너지가 발생하는 겁니다.

반대로 원자핵이 작으면 나누는 것보다는 뭉치는 것이 더 쉽겠죠. 그래서 핵융합 반응에는 또 우주에서 가장 원자핵이 작은 수소를 사용합니다. 여기서도 융합 전보다 융합 후의 질량이 약간 더 작아서 질량 결손이 발생하고 다시 $E=mc^2$에 따른 에너지가 생성되는 거죠.

우라늄은 천연 물질로서 존재하지만 플루토늄은 인공적으로 생성됩니다. 2차 세계대전 당시 미국이 히로시마에 떨어트린 원폭에는 우라늄이 쓰였지만 나가사키에 투하한 건 플루토늄 폭탄이었습니다. 핵분열 반응을 일으키기 위해 우라늄을 농축하는 데는 고도의 기술과 엄청난 비용이 들지만, 플루토늄은 더 용이합니다. 하지만 플루토늄은 질량 임계치가 낮아서 한 군데에 많이 모아두어서도 안 되고, 말 그대로 망치로 내려치는 정도의 자극에도 연쇄적인 핵 반응이 일어날 수 있는 극히 위험한 물질입니다. 특히 원자력발전소는 핵연료를 재처리하는 과정에서 플루토늄을 화학적으로 추출할 수 있기 때문에 IAEA(국제원자력기구)의 엄격한 관리를 받아야 합니다.

⑥ 핵분열과 핵융합은 뭐가 다를까?

원자력 발전이나 핵폭탄이 핵 속에 잠재된 에너지를 이용한다는 건 알겠는데, 핵분열과 핵융합 반응으로 나뉘는 것 같아요. 뭔가 같으면서도 다른 것 같은데, 구체적으로 무슨 차이가 있나요?

핵분열과 핵융합은 서로 이름이 비슷하지만 그 작동 과정은 정반대로 이루어집니다. 핵분열은 무거운 원소가 쪼개지는 과정에서 에너지가 발생하는 원리이고, 핵융합은 가벼운 원소들이 합쳐지는 과정에서 에너지가 발생합니다.

원자력 발전은 핵분열 반응을 이용합니다. 무거운 원자핵을 가진 물질, 예를 들어 우라늄을 향해 외부에서 낮은 에너지의 중성자를 쏘아 충돌시키면 그렇지 않아도 무겁던 우라늄의 원자핵은 2개로 분열되며 중성자 2~3개와 막대한 열에너지를 뿜어 냅니다. 그러면 이 열기로 물을 끓여 증기터빈을 돌리는 방식으로 원자력 발전이 이뤄집니다.

핵융합은 가벼운 원자핵을 가진 물질, 예를 들어 수소 원자들에 초고온과 초고압을 가하면 원자핵들의 간격이 좁혀지다가 강한 핵력이 작용하는 범위에 들어가면 하나의 핵으로 결합하면서 어마어마한 에너지가 발생합니다. 우리 지구를 생명이 살 수 있게 만드는 모든 에너지의 근원인 태양이 존재하는 원리가 바로 핵융합이죠. 그러니까 핵융합은 우주의 궁극적인 에너지원이라고 할 수 있습니다.

원자력 발전의 가장 큰 장점은 화석연료를 이용한 발전과 달리 탄소를 전혀 배출하지 않는다는 점입니다. 다가오는 기후위기를 막기 위해서는 원자력발전소를 늘려야 한다고 주장하는 이유이기도 하죠. 문제는 원자력 발전이 핵분열 반응을 이용하고 그에 따라 방사성 폐기물이 지속적으로 발생한다는 점입니다. 또 체르노빌이나 후쿠시마의 사례처럼 예상할 수 없는 사고가 발생했을 때 이를 안전하게 처리하기가 무척 어렵다는 점입니다. 화력발전소에 사고가 발생하면 우리가 불을 끄면 되지만 연쇄적으로 이뤄지는 핵분열 반응을 인위적으로 멈추기는 쉽지 않습니다. 그로 인해 누출되는 방사성물질로 인한 피해는 원자력 발전의 장점이 많다는 점을 감안하더라도 받아들일 수 없을

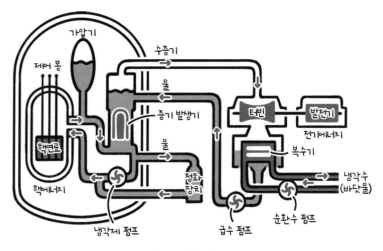

원자력 발전 원리

정도로 규모가 너무 큽니다.

핵융합은 다릅니다. 만약 인류가 핵융합 반응을 안정적인 환경에서 지속적으로 관리할 수 있다면, 음 어떻게 표현해야 할까요? 말 그대로 그리스 신화의 프로메테우스가 인류에게 최초로 불을 건네준 이후, 최대의 사건이 되겠죠. 핵융합의 원료인 중수소와 삼중수소는 우주에서 가장 흔한 물질로서 고갈될 염려가 없고 핵분열과 달리 부산되는 방사성물질이 적어 훨씬 안전합니다. 거의 비용이 들지 않는 영구적인 에너지원이 되겠죠. 이렇게 인류의 모든 에너지 문제가 해결된다고 상상해보세요. 도대체 어떤 미래가 펼쳐질지 저는 짐작이 잘 가지 않을 정도네요.

다만 핵융합 발전은 1억 ℃가 넘는 플라스마 상태를 허공에 띄워 일정 시간 이상 유지해야 해서 아직은 연구 단계에 있습니다. 잘 알려지지 않았지만 우리나라는 핵융합 발전 기술에서 선도적인 위치를 차지하고 있습니다. 지난 2021년 11월 한국핵융합에너지연구원이 만든 한국형 인공태양 KSTAR Korea Superconducting Tokamak Advanced Research (케이스타)가 30초 동안 플라스마 상태 유지에 성공하며 가능성을 보여줬습니다. 이에 더해 총 34개국이 참여하는 국제핵융합실험로 ITER 설치가 완료되면 핵융합 발전의 가능성은 더욱 커질 것으로 보입니다.

7 인간이 방사능에 내성을 가질 수 있을까?

오래전에 화성을 배경으로 찍은 〈토탈 리콜Total Recall〉 (2012)이라는 영화를 본 적이 있는데 기형적인 신체를 가진 사람들이 많이 나오거든요. 아마도 화성의 방사능에 많이 노출됐다는 것을 그렇게 묘사한 것 같은데요. 인간이 시간이 지나면서 어떻게든 방사능에 적응하는 건 가능한 일일까요?

기나긴 시간을 두고 방사선에 천천히 노출된다면 신체가 어느 정도 적응력을 갖추는 건 있을 수 있는 일입니다. 실제 방사선에 피폭됐을 때도 단순히 그 노출된 수치가 얼마나 되는지도 중요하지만 순간적으로 일어난 일인지, 아니면 시간 간격을 두고 천천히 일어났는지에 따라 신체 반응이 아주 다르다고 알려져 있죠.

예를 들어, 공룡이 살던 때는 지금보다 지구에 훨씬 더 많은 방사선이 존재했습니다. 현재 인류가 당시 환경으로 갑자기 돌아간다면 치명적인 신체 반응을 겪을 수도 있겠죠. 많은 세월이 흐르면서 지구의 지각이나 대기가 변화해왔고 생명체 역시 변화하는 방사선 수준에 맞춰 적응력을 기르는 쪽으로 진화했을 겁니다.

기본적인 방사선 단위에는 크게 두 가지가 있습니다. 특정한 물질이 방사선을 내뿜는 능력을 나타내는 베크렐Bq, 방사선이 인체에 미치는 영향을 나타내는 시버트Sv입니다. 1베크렐은 1초 동안 1개의 원자핵이 붕괴할 때 방출되는 방사능을 의미하고, 주로 수산물이나 채소, 해양, 토양의 오염 정도를 측정할 때 사용하는 단위죠. 같은 수치의 베크렐이 나왔더라도 신체 투과력이 약한 알파선과 강력한 감마선은 건강에 미치는 영향력이 크게 다릅니다. 그래서 사용하는 측정 단위가 시버트입니다. 우리가 병원에 가서 가슴 X선을 촬영하면 대략 0.03~0.05밀리시버트mSv의 방사선에 노출됩니다. 만약 한 번에 100mSv가 넘는 방사선에 노출되면 1,000명 중 5명은 암으로 사망한다는 연구 결과가 있죠. 국제방사선방호위원회라는 비영리기구에서는 일반인 기준 연간 피폭 허용량 한도를 1mSv 이내로 권고하고 있습니다.

한편 미국 국립학술원의 2006년 「저선량 방사능의 건강 위험에 관한 보고서」에 따르면 100mSv에 한 번 노출되면 100명 중 1명의 암환자가 추가로 발생하고, 10mSv에선 1,000명 중 1명의 암환자가, 1mSv에선 1만 명 중 1명의 암환자가 추가로 발생한다고 해요. 노출에 비례해 위험이 커지고, 위험이 없는 '안전

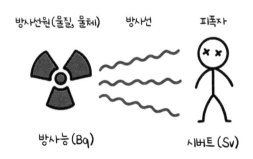

방사선원(물질, 물체)　　방사선　　피폭자

방사능 (Bq)　　　　　　　　시버트 (Sv)

- 베크렐(Bq): 특정한 물질이 방사선을 내뿜는 능력
- 시버트(Sv): 방사선이 인체에 미치는 영향

치'는 존재하지 않는다는 게 핵심이죠. 음, 암 발생 확률을 개인적으로 따진다면 1만분의 1이나 10만분의 1은 별것 아니라고 생각할 수도 있어요. 하지만 공중보건 관점에서 보면 매년 성인 1,000만 명이 단순 X선을 찍으면 100명의 암환자가 발생한다는 것이니 결코 가벼이 넘길 일이 아니죠.

방사선에 신체가 노출되는 상황을 가장 쉽게 이해하는 방법은 무엇일까요? 직관적으로 비유해볼게요. 위험한 방사선이 가득한 공간은 눈에 보이지 않는 아주 미세한 크기의 총알이 무수하게 날아다니는 것과 같다고 생각하면 됩니다.

알파선은 질량이 커서 쉽사리 피부를 뚫고 들어가지 못하는 총알이어서 피부가 방어막 역할을 할 수 있고, 베타선은 투과력이 더 높지만 얇은 금속판 정도면 막을 수 있습니다. 하지만 감마선과 X선은 전파처럼 물질을 통과하는 특징이 있어서 이를 막으려면 두꺼운 납이나 콘크리트 같은 강력한 방어막이 필요합니다.

　신체가 방사선 공격을 받으면 우리 몸을 이루는 세포가 파괴됩니다. 생명체에 꼭 필요한 생체분자인 DNA, RNA 같은 핵산을 연결하는 약한 끈을 툭툭 끊어버리는 거죠. 염색체의 염기서열을 흩트려버립니다. 그래서 이를 '전리방사선電離放射線'이라고도 부르는데요. 특히 세포 회복력이 약한 노약자는 기형이나 돌연변이 세포, 즉 암세포가 굉장히 빨리 증식하면서 혈액암이나 백혈병으로 진행될 수 있습니다. 뇌종양이나 갑상샘암이 나타날 수도 있고요. 만약 수백 시버트가 넘는 대량의 방사선에 노출되면 마치 화상을 입은 듯이 즉시 피부가 타들어갈 겁니다. 그리고 죽음에 이르겠지요.

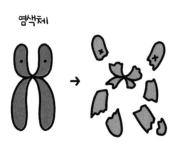

염색체

　놀라운 생명체도 있는데요. 1950년대 미국에서 강한 방사선을 이용해 통조림을 살균하는 방법을 개발하려는 시도가 있었습니다. 그때 그 어떤 생명체도 살아남을 수 없는 방사선량에 노출되었음에도 부패하는 통조림이 있다는 걸 발견했습니다. 원인을 조사해보니 범인은 바로 '데이노코쿠스 라디오두란스 Deinococcus Radiodurans'라는 미생물이었습니다. 이 미생물은 심지어 우주정거장 외벽에 무려 1년 동안 걸어놓았는데도 10%가 살아남아 가장 생존력이 강한 박테리아로 기네스북에도 등재됐다고 합니다. 대량의 방사선뿐만 아니라 진공 상태나 극한의 기온 변화도 이 생명체를 완전히 죽이지 못한 겁니다. 더욱 놀라운 건 이 균주를 이용해 방사성 폐기물을 정화할 수도 있습니다. 방사성물질을 먹고 더 안정된 물질로 바꾸더라는 거죠. 앞으로 언젠가는 같은 기능을 하는 조금 더 큰 다핵 생물도 발견할 수 있을 것이고, 그렇다면 핵폐기물을 처리하는 인공호수를 만들어 이런 생물을 풀어놓는다면 인류의 큰 고민 하나가 해결될 수도 있지 않을까 상상해봅니다.

⑧ 핵폭탄이 서울 한복판에 터진다면 어떻게 될까?

사실 우리는 핵무기를 가졌다는 북한과 휴전 상태인 거잖아요. 38선도 휴전선이라고 부르고요. 휴전을 말 그대로 풀이하면 전쟁을 쉬고 있다는 건데, 심지어 북한은 핵무기를 가졌다고 세계가 거의 인정하는 분위기잖아요. 물론 그런 일이 생기면 절대 안 되겠지만, 정말 북한이 서울 한복판에 핵 미사일을 발사한다면 무슨 일이 벌어집니까?

북한에서 남한으로 미사일을 발사할 징후가 포착되면 킬체인Kill Chain을 발동합니다. 킬체인은 북한의 핵 위협에 대응하기 위해 선제 타격으로 발사를 준비하는 장소를 초토화한다는 개념입니다. 그런데 킬체인이 성공하지 못하고 핵 미사일이 발사됐다면, 3분 안에 요격해야 합니다. 한국형 미사일

방어 체계나 사드로 요격해야 하는데, 이마저도 실패해 용산 400~500m 상공에서 터졌다고 가정해봅시다.

15kt의 히로시마급 전술핵 규모라면 화구 지름이, 그러니까 폭발하는 불꽃의 크기가 50m쯤 될 겁니다. 별거 아니네, 생각할 수도 있지만 그다음이 문제죠. 순간적으로 1억 8,000만 ℃에 이르는 화구가 400m 상공에서부터 점점 커지면서 지상까지 내려옵니다. 그 시간이 1000분의 1초도 안 돼요. 동시에 버섯구름이 극대화되면서 피어오릅니다. 그리고 그 아래 공간은 순식간에 진공 상태로 변합니다. 극심한 열기로 화재가 발생하면서 근처의 모든 주유소도 함께 폭발하고 산소가 쫙 빨려 들어가니까, 근처는 진공 상태가 되는 거죠.

그런데 그 전에 중심부의 열기에 노출된 인간을 포함한 모든 생명체가 아무 느낌도 없이 소멸합니다. 무슨 신경이 뜨겁다, 뭐가 나타났다 같은 인식을 하기도 전에 그냥 말 그대로 순식간에 증발해버리는 겁니다. 아무 느낌도 없이 영문도 모른 채 죽겠죠. 승화 작용을 넘어 바로 플라스마 상태가 되지요. 그러니까 우리 몸이 이온이나 전자 상태의 입자로 분해되는 겁니다. 우리 몸을 이뤘던 원소들이 다시 우주를 이루는 본연의 상태로 돌아가는 거라고 볼 수 있습니다. 그야말로 지상에서 영원으로.

폭심지 1km 부근은 깨끗이 소멸합니다. 아무것도 없죠. 여기까지가 100분의 1초 동안 일어나는 일이고요. 이제 폭풍이 들이닥칩니다. 우리가 여름마다 겪는 열대성저기압인 태풍은 이 폭풍에 비교하자면 애들 장난 정도로 여겨야겠죠. 초음속 폭풍입니다. 음속이 초속 340m가량인데, 그 10배쯤 되는 폭풍이 모든 것을 휩쓸어버립니다. 폭풍보다는 충격파라는 표현이 더 적절하겠네요. 폭발로 팽창했던 공기가 다시 폭심지로 쫙 빨려 들어가면서 맹렬한 충격파가 발생하죠. 사람의 고막도 터져나가고 유리창은 박살나며 일부 철근콘크리트로 견고하게 지어진 건물을 제외하고는 대략 4km 반경의 모든 구조물이 다 무너진다고 봐야 합니다.

그다음에는 이제 방사성 낙진이 떨어지기 시작합니다. 검은색 비가 내리면서 하늘이 캄캄해지죠. 생각하기도 싫지만 직접적으로 영향을 미치는 반경을 18km로만 잡아도 용산을 중심으로 은평구, 서초구, 강동구, 강서구가 다 들어와요. 서울 동서남

북 전 범위가 모두 포함되는 거죠. 운 좋게 지하 공간에 있었다면 목숨을 잃지 않을 확률이 있지만, 그러지 못했다면 거의 전부가 순간적으로 승화를 하느냐, 아니면 화상을 입고 고통스럽게 죽느냐의 차이만 있을 뿐입니다. 만약에 생명을 잃지 않고 몸을 움직일 수 있다면 어디든 지하실을 찾아가는 게 가장 좋습니다.

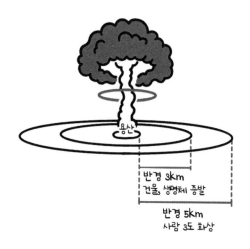

인터넷에 핵폭발의 영향을 가늠해볼 수 있는 'Nukemap'이라는 사이트가 있습니다. 상당히 정확하거든요. 북한이 2017년 실시했던 6차 핵실험의 규모를 기준으로 이 사이트에서 시뮬레이션을 해보면 사상자가 400만 명에 달한다는 결과가 나옵니다. 당연히 서울 대부분이 초토화된다고 봐야겠죠. 살아남은 사람들은 최소한 3주, 길게는 석 달을 지하 공간 어딘가에서 두더지처럼 버텨야 합니다. 폭발 이후에 형성되는 버섯구름에서 내리는 검은 방사성 잿더미, 즉 낙진을 피해야 하니까요. 이렇게 낙진의 위험으로부터도 벗어나면 그나마 이제 생존 가능성이 조금은 있겠죠. 어찌 됐든 결단코 일어나서는 안 될 일입니다.

⑨ 정말 우주에서 핵실험을 했을까?

실제 핵폭탄을 가장 많이 터트려본 국가는 미국이잖아요? 심지어 우주에서도 핵실험을 했다는데 사실입니까? 이런 이야기를 들으면 무슨 SF영화 이야기 같다가도 곧 우주 전쟁이 벌어질 것 같은 비현실적인 느낌도 듭니다.

앞서 이야기했듯이 인류가 지금까지 실시한 핵실험의 총 횟수는 2,000번이 훌쩍 넘는다고 알려져 있습니다. 방사능을 내뿜는 무시무시한 핵폭발이 지난 수십 년간 지구 어딘가에서 이어지고 있었던 거죠. 당연히 세계 모든 국가가 실험을 했던 건 아니고 현재 핵무기 보유국으로 알려진 국가들, 즉 미국, 러시아(구소련), 영국, 프랑스, 중국, 인도, 파키스탄, 북한 등이 범인입니다. 애매하지만 이스라엘도 빼놓을 수 없지요.

특히 미국과 소련 두 나라 간 냉전이 치열하게 벌어지면서 긴장감이 극에 달했던 1960년대에 핵실험은 서로 경쟁하듯이 빈번하게 이루어졌죠. 다행히 소련의 해체로 냉전이 끝난 1990년대부터는 핵실험이 급격히 줄어들어 1998년 인도와 파키스탄의 사례 이후 사라지는 듯했으나 북한이 2006년부터 지금까지 총 6번의 핵실험을 실시했고, 이제 7차 핵실험을 하겠다며 국제사회를 향해 엄포를 놓고 있습니다. 하필 우리가 전 세계에서 유일하게 현재 진행형으로 핵실험을 하는 곳에서 가장 가까이 사는 불행한 국민이 된 거죠.

어떤 나라가 가장 많이 핵실험을 했느냐를 따진다면 단연 미국이 압도적인 1위입니다. 무려 1032번의 핵실험을 했고, 여기에는 핵분열 반응을 이용한 우라늄탄, 플루토늄탄, 핵융합 반응을 이용한 수소탄, 중성자탄, 전자기 맥동을 이용한 EMP Electromagnetic Pulse탄 등의 모든 종류와 지상, 지하, 수중, 그리고 질문하신 우주 공간까지 실험 가능한 모든 장소를 포함하고 있죠. 심지어 육군 보병들을 위해 핵 박격포라고 불리는 이동형 무반동총으로 핵탄두를 날려 보내는 실험까지 시행할 정도로 핵폭탄 만능주의에 빠져 있었습니다. 소련도 만만치 않은데요. 715번 핵폭탄을 터트렸고 그중에는 인류 역사상 가장 강력한 폭발이었다는 수소폭탄 차르봄바가 포함되어 있어요. 기억하시죠? 다만 횟수에선 미국이 앞섰지만, 위력에선 소련이 더 커서 서로가 핵 최강국이라고 우기는 걸 보면 어이없기도 하고 우습기도 하고 그래요.

미국은 1962년 '스타피시 프라임Starfish Prime'이라는 암호명으로 우주 핵실험을 실시했습니다. 하와이에서 남서쪽으로 1,000km 이상 떨어진 존스턴섬에서 1.4메가톤 위력의 수소폭탄을 미사일에 실어 402km 상공, 그러니까 우주 공간에서 터뜨렸습니다. 당시 하와이 주민들은 아무것도 모른 채 갑자기 밤하늘을 화려하게 물들이는 오로라를 목격했습니다. 그런데 갑자기 가로등이 꺼지고 전화가 먹통이 되었죠. 라디오나 도난경보기 같은 전자기기들도 작동하지 않았습니다. 핵폭발로 인해 강력한 고출력 전자기파EMP가 발생해서 1,450km 떨어진 하와이에까지 영향을 미친 거죠. 우주 핵실험을 추진한 연구자들은 예상보다 100배나 강한 전자기파에 깜짝 놀랐습니다.

이때 핵탄두를 이용한 EMP탄의 가능성이 생겼습니다. 만약 한반도를 예로 든다면 우리 소백산 140km 상공 즈음에서 터트리면 남한 전역의 모든 전자제품이 마비됩니다. 공공기관, 은행이 마비되고 자동차의 엔진에도 문제가 생기겠죠. 전기차 같은 경우는 곧바로 망가집니다. 기차나 지하철도 멈춰 서고… 한마디로 조선 시대로 돌아간다고 생각하면 이해가 편하겠죠. 그러니까 이게 일부에서 발생한다면 고칠 수라도 있지만 나라 전체가 영향권 안에 들어가면 달리 방법이 없습니다. 컴퓨터를 포함해서 모든 문명의 이기가 깡그리 마비될 테니까요. 오산, 군산, 성주 등 모든 비행장의 전투기가 이륙하지 못하고 한반도는 무방비 상태가 되고 맙니다. 그러니까 EMP탄이 가장 효율적인 공격 무기가 될 수 있습니다.

미국의 비밀 우주 핵실험으로 영국은 최초로 쏘아 올린 인공위성 아리엘 1호가 영문도 모른 채 고장이 나는 사건을 겪었다

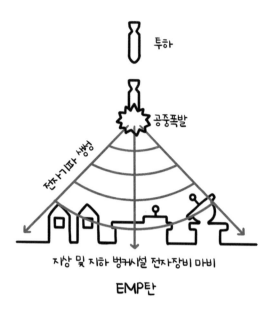

투하

공중폭발

전자기파 생성

지상 및 지하 벙커시설 전자장비 마비

EMP탄

고 하죠. 스타피시 프라임 폭발 당시 아리엘 1호는 지구 반대편에 있었지만 위성 궤도 전체의 방사선량이 크게 증가해서 태양전지 패널이 망가졌고 결국 작동을 멈추고 말았습니다. 이때 피해를 본 인공위성에는 미국 최초의 상업용 통신 위성 텔스타 1호를 포함해 다수가 있었다고 하죠. 마침내 미국과 소련은 1963년 모스크바에 모여 대기권, 수중, 우주 공간에서 핵실험을 무기한 중단하기로 선언했고 현재에도 이런 실험은 허용되지 않습니다.

10 북한은 어떻게 실질적인 핵무기 보유국이 됐을까?

핵무기는 말 그대로 게임체인저의 느낌이 듭니다. 사실 경제력 면에서 보면 북한은 정말 보잘것없는 나라인데, 단지 핵무기를 보유하고 있다는 사실 하나만으로 미국도 함부로 하지 못한다는 생각이 듭니다. 북한은 어떻게 실질적인 핵무기 보유국이 됐나요?

북한이 핵 개발을 시작한 최초의 이유라고 할까, 그 원래 동기는 북한의 김씨 왕조 빼고는 아무도 알 수가 없습니다. 그래도 추정을 해보자면 근래의 일은 아니고 1945년 일본의 히로시마와 나가사키에 원자폭탄이 투하된 직후에 김일성이 마음먹은 것으로 봐야겠죠. 특히 한국전쟁 때 참전한 미국이 자신들의 뜻대로 전시 상황이 흘러가지 않는다면 언제라도 핵무기를 다시 발사할까 봐 무서웠겠죠. 나중에 밝혀진 사실이지만 실제 맥아더 장군은 핵무기 폭격을 주장하기도 했습니다.

사실 핵을 제외한 재래식 무기를 따지면 비교가 되지 않을 정도로 우리나라가 북한보다 우위에 있습니다. 최종적으로 군비는 경제력에 비례하는데 남한의 GDP가 북한의 60배쯤 되니까요. 또 인구수 역시 2배고요. 그래서 북한이 체제와 정권을 유지하려면 다른 방법이 없습니다. 비대칭 무기라고도 부르는데, 기존 무기를 압도할 수 있는 핵폭탄을 절대 포기할 수 없고, 또 미국과 거래할 수 있는 유일한 수단인 거죠. 소위 상호확증파괴 Mutual Assured Destruction, MAD* 개념을 완성하려 한 겁니다. 쉽게 말해서 수틀리면 너 죽고 나 죽는다, 이거죠.

북한이 핵 개발을 본격화한 건 1962년부터입니다. 가구공장으로 위장한 핵 연구 단지를 평안북도 영변이라는 지역에 조성했고 김일성대학과 김책공대에 핵 관련 학과를 창설해 독자적인 핵 개발 인원을 양성하기 시작했습니다. 하지만 기반 기술이 부족한 상태에서 관련 연구는 지지부진하면서 별다른 성과를 내지 못했습니다. 이때까지 북한을 드러내놓고 의심하는 국

---

* 상호확증파괴는 1960년대 이후 미국과 소련이 구사했던 핵 전략이다. 적이 핵 공격을 가할 경우 적의 공격 미사일 등이 도달하기 전에 또는 도달한 후 생존해 있는 보복력을 이용해 상대편도 전멸시키는 보복 핵 전략. 결국 핵전쟁이 일어나면 누구도 승리할 수 없다는 것이므로 핵 억제 전략이 될 수 있다.

가 역시 없었습니다. 오히려 우리나라 박정희 대통령이 핵폭탄을 개발하려 한다고 감시의 눈길을 보냈죠.

그러다가 1991년에 소련이 붕괴하면서 뛰어난 기술을 가진 많은 핵 과학자가 삶의 터전을 잃어버렸는데 북한이 기회를 놓치지 않고 그중 일부를 데려왔고, 그때부터 북한의 핵 개발은 비약적인 발전을 이룹니다. 현재는 실질적인 핵무기 보유국으로 암묵적 인정을 받고 있습니다. 미국도 실효성 있는 제재 수단을 마련하지 못하고 그저 북한이 스스로 더 이상의 핵실험을 자제하기를 바라는 것처럼 보입니다.

북한의 첫 번째 핵실험은 2006년 10월 함경북도 길주군 풍계리에서 실시됐고 규모는 TNT 0.8kt 규모로 추정됐습니다. 예상보다 폭발력이 작아 실험이 사실상 실패했다는 평가가 많았죠. 2차 실험은 3년 뒤인 2009년 5월 같은 장소에서 이루어졌고 이번에는 3~4kt 규모였고 진도 4.5가량의 인공 지진이 감지됐습니다. 기폭 과정이 정상적으로 이뤄지고 1차보다 폭발 규모가 훨씬 커서 일정 수준 이상의 핵무기 제조 능력을 증명했다고 평가할 수밖에 없었죠.

이후에도 2013년, 2016년 1월과 9월, 2017년에 순차적으로 핵실험을 총 6차까지 이어갔고 폭발 규모를 100~300kt 규모까지 키웠습니다. 북한은 수소폭탄 실험까지 성공했다고 주장하고 있습니다. 전문가들은 만약 북한이 7차 핵실험까지 감행한다

면 이번에는 핵무기 소형화 등 전술 핵탄두 성능 시험을 연쇄적
으로 할 거라고 예상하고 있습니다.

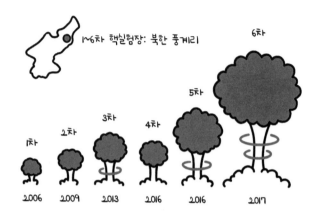

	1차	2차	3차	4차	5차	6차
실험 시기	2006년	2009년	2013년	2016년	2016년	2017년
위력	1kt	3~4kt	6~7kt	6kt	10kt	50~300kt
종류	원자탄	원자탄	원자탄	원자탄 추정	원자탄 추정	수소탄 추정
지진 규모	3.9	4.5	4.9	4.8	5	5.7

⑪ 우리나라는 핵무기를 만들 기술이 있을까?

━━━━━━━━━━━━━━━━━━━━━━━━━━━━━━ +

북한이 요즘 무슨 일만 생기면 서울이 불바다가 될 거라는 말을 반복하곤 합니다. 미국은 자기들이 가진 핵무기로 보호해주겠다고는 하지만, 우리는 자체적인 핵 개발 기술력을 가지고 있지 않나요?

먼저 핵 잠재력Nuclear Latency이라는 개념을 이해할 필요 가 있습니다. 실제로 현실에서 핵무기를 제조해놓지는 않아서 핵확산금지조약을 위반하지는 않지만, 언제라도 단기간에 조립 해서 실전에 배치할 수 있는 능력을 말합니다. 핵폭발 연료로 사용할 우라늄이나 플루토늄이 준비되어 있고, 핵탄두를 조립할 기술이 있으며, 이를 실어 보낼 미사일까지 있다면, 당장 조립되어 있지 않을 뿐이지 드라이버만 돌리면 곧바로 핵무기 보유국이 된다는 거죠.

더욱이 지금은 슈퍼컴퓨터의 성능이 발전해서 실제 핵폭발 실험을 하지 않더라도 시뮬레이션만으로도 핵무기 개발이 가능한 시대입니다. 현재 세계에서 거의 유일하게 핵 잠재력을 인정받고 있는 국가가 바로 일본입니다. 일본이 보유한 플루토늄 보유량을 따져보면 2차 세계대전 당시 나가사키에 떨어졌던 팻맨급의 원자폭탄을 무려 1만 개나 만들 수 있어요.

핵은 없지만 핵 잠재력은 있는 상태

핵무기 제조 잠재 능력은 그동안 원자력을 얼마나 잘 활용해왔는지에 달려 있습니다. 현재 우리나라는 원자력 설비 용량 세계 5위, 운용 능력 세계 1위 수준입니다. 기술력만 따진다면 기존 핵무기 보유국과 비교해도 크게 뒤처지지 않습니다. 오히려 인도나 파키스탄, 이스라엘보다는 훨씬 높다고 봐야 합니다. 특히 우리 레이저 우라늄 농축 기술은 세계가 주목할 정도여서 플루토늄이 없더라도 단기간에 핵탄두 개발이 가능합니다. 원심 분리 기술이나 플루토늄 추출 기술 역시 준비되어 있고요. 또 우리나라에서 가동 중인 원자력발전소 24기에서 지금까지 태우고 난 연료에는 플루토늄이 상당량 들어 있습니다. 특히 4기의 월성 중수로 부지 내에 30년 넘게 쌓여 있는 연료에서 플루토늄을 추출하기만 하면 핵폭탄의 연료를 충분히 확보할 수 있죠. 물론 현실적으로는 IAEA의 감시카메라가 설치돼 있어 국제사회 모르게 한국이 플루토늄 핵폭탄을 제조하는 건 불가능하다고 봐야 합니다.

우리나라는 이미 핵무기 개발을 시도했던 역사가 있습니다. 1969년 닉슨 독트린*을 발표하면서 미국이 주한미군 철수 가능성을 내비쳤을 때입니다. 당시 박정희 대통령은 미국이 어려움을 겪던 베트남 전쟁을 돕기 위해 5만 명이 넘는 군인을 지원했는데도 미군이 철수할 수 있다는 소식을 듣자 심한 배신감을 느끼고 자주 국방을 위해 핵무기를 개발해야겠다는 결심을 합니다. 당시 인도 같은 개발도상국도 핵 개발에 성공했으니까 우리라고 못 할 것도 없겠다 싶었겠죠. 실제로 1975년 프랑스에서 재처리 기술을 공급받는 계약을 체결하고 캐나다에서 플루토늄 추출이 가능한 중수로를 도입하려 합니다. 하지만 이를 알게 된

---

* 닉슨 대통령이 1969년 7월 25일 괌에서 발표한 대아시아 외교 정책으로, 공중공격이나 위협에 대해서는 아시아 여러 나라 당사자들이 저항, 저지해야 한다는 입장을 선언한 것으로 1980년대까지 영향을 주었다.

미국이 화들짝 놀라서 박정희 대통령을 압박하기 시작했고 결국 핵무기 개발 계획은 무산되고 말았습니다.

우리는 이제 발 뺄게. 아시아는 각 나라 스스로 지키도록.

까짓것, 주한미군 철수하라고 해. 우리는 이제부터 자주국방이야. 핵무기를 개발해야겠군!

닉슨 대통령　　　박정희 대통령

현재의 핵무기 보유국들이 핵실험을 거쳐 개발을 완료하는 데 걸렸던 기간은 나라마다 다릅니다. 미국과 소련은 대략 4년이 걸렸고, 영국과 프랑스는 5년 넘게 걸렸습니다. 우리나라가 일단 핵무기를 만들겠다고 결심한다면 실제로 개발을 완료하기까지 얼마나 걸릴까요?

현재 핵무기 개발은 첨단기술이 필요한 분야가 아닙니다. 우리나라의 경제력이나 기술력을 생각하면 언제든 마음먹기에 달려 있습니다. 저는 아무리 넉넉하게 잡아도 2년이면 충분하다고 생각합니다. 여건에 따라 훨씬 더 단축될 수도 있겠죠. 물론 정말 핵무기를 개발하는 것이 세계 평화나 우리나라 안보에 도움이 되는지 또는 도덕적으로 올바른가와 같은, 복잡한 국제 정세나 정치학적·규범적 고려는 제쳐두고 순수하게 기술적인 측면만을 따져본다면 그렇다는 말입니다.

Q1

방사성물질의 원자핵이 외부 자극 없이도 갑자기 붕괴한다는 게 잘 이해되지 않습니다. 그렇게 불안정한 물질이 애초에 왜 만들어졌을까요?

-r****7

원자핵은 + 전하를 띤 양성자와 +/− 전하를 모두 가진 중성자로 이루어져 있어요. 그런데 양성자는 전기적으로 서로 밀어내기 때문에 중성자가 들러리를 서야만 전기적 척력을 물리치고 강한 핵력으로 결합하게 되죠. 한번 탄소를 볼까요? 양성자 6개, 중성자 6개가 모여 원자번호는 6이고 질량수는 (6 + 6 =)12가 돼요. 자연엔 대부분 이렇게 탄소12로 존재하죠. 그런데 원자로처럼 중성자가 많이 나오는 곳에선 중성자가 하나 혹은 둘이 더 붙을 수 있죠. 둘이 더 붙으면 양성자 6개에 중성자 8개가 모여 탄소(6 + 8 =)14가 됐네요. 이걸 '방사성 동위원소'라고 불러요. 그런데 이런, 중성자가 너무 많아졌어요. 불안해집니다. 안절부절 안정한 상태로 가려고 해요. 스스로 살길을 찾는 거죠. 방법이 있네요. 중성자엔 +/− 전하가 같이 들어 있다 했죠? 그런데 − 전하는 아주아주 가벼워 바깥으로 나오면 이 중성자엔 + 전하만 남으니, 뭐죠? 네, 양성자로 바뀌네요. 이제 이 핵은 양성자 (하나 늘어서) 7개, 중성자 (하나 줄어서) 7개, 즉 질소(7 + 7 =)14가 됐지요? 이제 안정을 되찾았어요. 아무도 도와주지 않는데 저절로 일어난 거죠. 이걸 방사성 '붕괴'라 일컬으며, 이것이 약한 핵력이라고 알려져 있죠.

Q2 무게 100g의 방사성물질이 반감기를 거치면 실제로 무게가 50g으로 줄어드는 건가요?
-m****4

아녜요. 다시 한번 탄소14가 질소14로 바뀌는 걸 볼까요? 탄소14 100개가 있어요. 이제 이런 '붕괴'가 일어나는 시간을 살펴보죠. 반감기는 방사성 동위원소가 붕괴하는 속도를 나타내며, 반감기가 길면 느리게 붕괴하는 것이고, 반감기가 짧으면 빠르게 진행된다는 말이에요. 참고로 탄소14는 반감기가 5,700년이니 아주 천천히 질소14가 된다는 거죠. 자, 올해가 2023년이니, 2023년 + 5,700년 = 7723년이 되어야 탄소14 50개가 질소14 50개로 바뀌어요. 나머지 탄소14 50개는 아직 그대로죠. 이 과정에서 중성자 50개에서 - 전하, 즉 전자 50개가 나와서 양성자가 50개 늘죠. 이걸 사실 베타 붕괴라고 하는데 이때 50개 중성자가 50개 양성자로 탈바꿈하지만, 이 두 알갱이는 질량이 거의 같아서 반감기가 지나도 무게는 그대로죠. 단지 탄소14의 절반이 질소14로 바뀐, 즉 '핵종변환'만 일어날 뿐이에요.

Q3 핵폭탄보다 더 강한 무기가 나올 가능성이 있나요? 그렇다면 그 무기는 어떤 자연의 원리를 이용할까요?
-nx****

핵폭탄은 현재로서는 우주에서 가장 강력한 무기 중 하나입니다. 하지만 더 강력한 무기가 나올 수도 있어요. 레이저를 이용한 핵융합이에요. 얼마 전 미국 로렌스리버모아연구소에서 소규모 성공을 거두었죠.

핵융합은 앞에서 설명했듯이 태양과 같은 별에서 일어나는 자연의 원리예요. 태양에서는 수소가 초고온 초고압으로 서로 부딪치고 뭉쳐서 헬륨이 되지요. 이 과정에서 엄청난 양의 에너지가 나오는 거죠. 이런 환경을 레이저로 만들어주면 기존 수소탄과 달리 원자탄으로 고온 고압을 만들어주지 않고 수소, 즉 중수소–삼중수소만으로 깨끗한 핵무기를 만들거나 지속 가능한 발전원으로 쓸 수도 있어요. 아직은 실용화 단계에 기술적 난제가 쌓여 있어 예단하긴 힘들지만, 인류는 아마도 50년 이내에 이러한 신의 영역에 있는 기술을 손에 넣을 거로 추측해요.

이밖에도 우주 대부분을 이루는 암흑물질과 암흑에너지를 통제할 수 있는 문명이 도래한다면 지금의 핵무기는 조족지혈이 될 거예요. 그런데 이건 수천 년이 지나야 할 테고 아마 인류보다 더 뛰어난 지능을 소유한 외계인이 아니면 이루어지지 않을 꿈으로 그칠 수도 있어요. 아인슈타인 같은 박사가 수천 명 모이면 가능할까요?

Q4 우리가 먹는 물에 방사성물질이 섞여 있다면 정수 시설이나 정수기로 정화할 수 있나요?
-md****1

特수 제작 이온교환기, 흡착여과기 등으로 일부 정화할 수는 있어요. 다만 현재 기술로는 세슘, 스트론튬, 요오드, 코발트, 플루토늄, 삼중수소, 탄소 등 방사성물질의 종류와 농도, 총량에 따라 완벽하게 정화하기가 어렵지요. 따라서 먹는 물의 안전성을 위해서는 철저한 수질 검사를 통해 방사성물질의 유무를 확인하고, 깨끗한 물만 마셔야겠죠?

PART
4

과학자의
머릿속이 궁금하다

① 과학에는 왜 음모론이 많을까?

과학계에는 음모론이 많은 것 같아요. 진실 검증이 어려운 분야면 이해가 될 텐데, 그래도 과학은 맞고 틀리고가 분명한 동네 아닌가요? 그런데도 왜 이렇게 음모론이 많을까요?

일반인이 이해하기 어려운 이론이나 과학적 사실이 많다는 점이 큰 원인 중 하나라고 생각합니다. 우리가 현실 세계를 살아가면서 쌓은 경험칙과 과학자들이 증명해낸 사실이 서로 모순되게 느껴질 때가 많기도 하고요.

예를 들어 지구가 평평하지 않고 둥글다는 사실을 어떻게 알 수 있나요? 둥근 지구의 실제 모습을 자기 눈으로 직접 확인할 수 있는 사람이 얼마나 있을까요? 게다가 내가 경험하는 범위 안에서 보면 지구는 평평하거든요.

이런 맥락에서 사람들이 쉽게 받아들일 수 없는 과학자들의 이야기가 많은 거죠. 과학적 사실을 현실 경험에 맞춰 살짝 비틀어버리면 사람들이 금세 현혹당하는 이유입니다. 무슨 목적에서든지 그 빈틈을 노리거나 이용하는 사람들이 있기도 하고요.

음모론이 끊임없이 생겨나는 데는 과학의 역사 또한 한몫한 것 같습니다. 대표적으로 '과학 혁명Scientific Revolution'은 과거 당연시되던 이론을 뒤집고 새로운 주장이 승리하면서 이뤄지거든요. 이런 드라마틱한 역사가 자꾸 강조되다 보면 지금의 과학 이론 역시 잘못됐거나 결국에는 무너진다고 생각할 수 있죠.

당연히 시간이 많이 흐르다 보면 지금 우리가 공부하는 과학 이론도 세세한 부분에서 바뀔 수도 있습니다. 그런 측면에서는 오히려 열린 마음을 갖는 것이 중요하다고 생각합니다. 하지만 이미 너무나 많은 증거로 완성된 이론들까지 부정하는 건 옳지 않은 태도이죠. '과학 이론은 언제든 틀릴 수 있어!'라는 명제가 "지금의 과학 이론은 앞으로 틀릴 수밖에 없어!"라는 말을 지지하는 증거가 될 수는 없으니까요.

우리 또한 과학을 부정하는 사람들을 올바른 사실로 인도하려면 열린 마음이 필요하겠죠. 20년간 과학 부정론을 연구해온 한 괴짜 철학자 리 메킨타이어Lee McIntyre는 저서 『지구가 평평하다고 믿는 사람과 즐겁고 생산적인 대화를 나누는 법』에서 이렇게 말합니다. "당장 밖으로 나가 존중과 배려가 가득한 자세로 그들과 진지한 대화를 나누는 것. 그것만이 지금 절체절명의 위기에 빠진 인류와 지구를 구할 유일한 해결책"이라고 말입니다.

과학 부정론자들의 주장

과학의 범주에 들어올 수 있는 주장과 이론에는 꼭 만족시켜야 하는 특성이 있습니다. 그 주장과 이론이 잘못되었다는 것을 보여줄 수 있는 방법을 우리가 떠올릴 수 있어야 합니다. 이를 '반증 가능성Falsifiability'이라고 합니다. 반증이 가능한 것만 과학적 탐구의 대상이 될 수 있어요. 예를 들어 누가 안드로메다은하에 있는 어느 별 주위를 차 주전자 하나가 돌고 있다고 주장한다고 해보죠. 이 주장은 현재로서는 반증이 불가능합니다. 그런 물체가 없다는 것을 현재의 기술로는 결코 증명해 보일 수 없기 때문이죠. 따라서 이 주장은 현재 과학의 테두리 안에서 다뤄질 수 없는 주장입니다. 과학적 주장이 아닌 것이죠.

한편, 누가 지구 위에서 어떤 차 주전자를 던졌더니 그 속도가 빛보다 빠르다고 주장한다면, 이는 반증이 가능한 주장입니다. 그리고 실험해보면 그 속도가 빛보다 빠르지 않다는 결과를 아마도 얻게 되겠죠. 반증이 가능한 주장이라고 해서, 그 주장의 참과 거짓이 딱 정해진 것은 아니죠. '반증할 수 있는 가능성'이 주어진다는 것이 중요해요. 과학은 반증이 가능한 것들만을 다룹니다.

반증 가능성이 있는 중요한 주장 가운데 어떤 것들은 시간이 지나면서 그 주장이 잘못임을 보이려는 온갖 실험을 꿋꿋하게 이겨낸 것들이 있습니다. 잘못된 것임을 보이려는 온갖 시도를 버티고 살아남은 주장들이 모여서 과학의 튼튼한 토대가 됩니다.

예를 들어 에너지 보존 법칙은 반증이 가능한 주장이지만 수많은 반증의 시도를 버텨낸 거의 확실한 법칙이죠. 미래에 틀린 법칙으로 판정될 가능성은 제로라고 과학자들은 확신합니다. 과학이라는 건 확실성의 정도가 다른 여러 지식이 함께 모여 있는 건물 같은 것이라고 할 수 있어요. 토대에 놓인 이론과 주장의 확실성은 정말 튼튼하지만, 지난달에 어떤 과학자가 새롭게 제시한 이론은 아직 충분한 시간 동안 반증의 노력을 버텨낸 것이 아니어서 확실성이 그리 크지 않죠.

과학을 믿지 않는 사람들은 과학이 확실하지 않다고 하니까, 과학자들이 이야기하는 모든 것이 확실하지 않은 것처럼 오해합니다. 과학에는 확실한 것도, 그리고 확실하지 않은 것도 있습니다. 과학 이론 중에서 예를 들어 '에너지 보존 법칙'은 아무리 천년, 만년, 십만 년이 흐르더라도 달라질 가능성이 없습니다.

우리가 실생활에서 흔히 마주치는 음모론적 유사과학은 상당히 다양합니다. 예를 들어 지구온난화가 특정 이익 집단의 주장일 뿐이라든지, 게르마늄이나 원적외선 같은 특정 물질과 전자기파가 만병통치의 효과가 있다든지, 인류가 달에 간 적이 없으면서도 마치 간 것처럼 그럴듯한 사진만 찍어놨다든지 등등 일일이 열거할 수 없을 정도입니다.

이런 음모론들의 특징이, 자꾸 반복해서 듣다 보면 그럴듯하게 느껴질 정도로 나름대로 이런저런 근거들을 만들어놓는다는 점이죠. 특히 영구기관, 즉 지속적인 에너지 공급 없이 스스로 영원히 움직이는 기관이 가능하다는 주장으로 금전적 피해를 당하는 사례는 현재까지도 자주 발생하곤 합니다.

최근 코로나 팬데믹 사태 때도 백신 관련 음모론이 끊이질 않아서 방역 당국의 효과적인 대처에 큰 방해가 됐죠. 중요한 점은 우리가 어떤 새로운 주장을 맞닥뜨릴 때는 객관적이고 종합적인 사고로 평가해야 한다는 것입니다. 과거에도 마찬가지였지만 과학 기술이 빠르게 발전하는 현대를 살아가는 우리에게는 특히 이런 비판적 사고력이 매우 중요합니다.

② 지금 과학자들은 무엇이 궁금할까?

과학자들은 우리가 살아가는 세상이 어떤 원리로 작동하는지 객관적으로 가장 잘 아는 사람들이잖아요. 그래서 전반적으로 아, 이건 정말 궁금하다 싶은 게 일반인들과는 많이 다를 것 같아요. 물론 각자 전문 분야에 따라 다를 수도 있겠지만, 현재 가장 알고 싶은 문제는 무엇일까요?

질문을 듣고 가장 먼저 떠오른 건 고온 초전도체 이론이네요. '초전도체Superconductor'는 전기 저항이 0인 물체를 말합니다. 초전도는 특정 온도에서 저항이 급격히 낮아지는 현상이고, 이렇게 줄어든 저항이 0이 된 물체가 바로 초전도체이죠. 만약 이를 발견한다면 인류에게 '산업혁명과 반도체 발명'이 결합한 발견에 맞먹는다고 '꿈의 물질'로 불립니다. 초전도체가 전자, 전기, 항공 등 각 분야의 미래를 바꿀 수 있기 때문입니다. 세계는 지난 100여 년간 초전도체를 만들어내기 위해 도전해왔습니다.

1900년대 초에 한 과학자가 극저온에서 수은의 전기 저항 실험값들이 0에 수렴한다는 사실을 발견합니다. 1933년에는 초전도체 내부로 자기장이 침투하지 못해 완전 반자성이 된다는 사실 역시 발견하죠. 외부의 자기장과 반대 방향으로 정확히 같은 크기의 자기장을 초전도체가 만들어냅니다. 초전도 전류가 겉면에 흐르면서 외부 자기장이 내부로 전혀 침투하지 못하는 현상입니다.

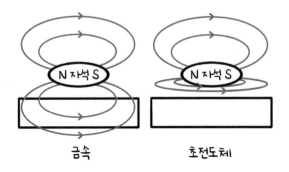

완전 반자성은 초전도체가 자석 위에 뜨는 이유인데요. 이 현상을 발견한 과학자의 이름을 따서 '마이스너 효과'라고 부릅니다. 이렇게 극저온 환경에서 초전도 현상을 발견하긴 했지만 한동안 그 이유를 밝히지는 못했습니다. 1957년이 되어서야 미국의 물리학자 존 바딘John Bardeen, 리언 쿠퍼Leon Cooper, 존 슈리퍼John Schrieffer가 초전도 현상을 이론적으로 설명하는 데 최초로 성공한 뒤 자신들 이름의 앞 글자를 따서 'BCS 이론'으로 이름 붙입니다. 보통 상황에서는 같은 전하를 가져서 서로 밀어내는 전자들이 아주 낮은 온도에서는 고체 안에서 둘씩 짝을 이룹니다. 그리고 이들 전자 짝들이 움직일 때는 전기 저항이 사라집니다.

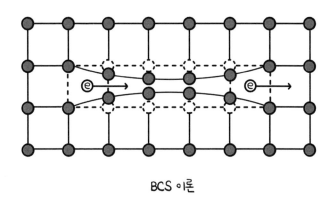

BCS 이론

그때부터 물리학자들은 BCS 이론에 따라 30K(캘빈, 영하 243℃) 이상의 온도에서는 초전도 현상이 불가능하다고 생각했습니다. 1986년 IBM의 연구원들이 새로운 유형의 초전도 물질인 산화구리 페로브스카이트를 발견했는데, 이 물질은 섭씨 영하 238℃에서 초전도 현상을 보였습니다. 그 이후 연구에서 영하 182℃까지 온도를 올려서 초전도 현상을 구현하는 데 성공했는데, 이 정도 온도는 액체질소를 이용하면 만들어낼 수 있어서 초전도체를 실제 현실에서 활용할 수 있는 실마리를 찾은 거죠. 실제로 일부 의료기기나 특수 용도를 위한 전선에 이 고온 초전도체가 사용되고 있습니다. 문제는 1900년대 초에 저온 초전도체를 발견했을 때처럼 그 이유를 밝혀내지 못하고 있다는 점이죠. 고온 초전도체의 고온은 사실 최근 화제가 됐던 상온 초전도체의 상온보다는 무척 낮은 온도입니다. BCS 이론으로 예상했던 것보다 상당히 높은 온도에서 초전도 현상이 발견되어서 붙은 이름이죠. 고온 초전도체의 고온은 사실 상온보다 정말 낮은 온도입니다. 사실 말이 고온일 뿐, 극저온에 가까운 온도죠.

액체 질소로 냉각된
고온 초전도 위에 떠 있는 자석

그다음으로 과학자들이 알고 싶어 하는 문제는 이겁니다. '은하의 무게는 왜 보이는 것과는 다를까?' 우리는 은하를 저울에 매달아 무게를 잴 수 없어서 그 밝기를 기준으로 삼아 질량을 측정합니다. 태양과 같은 항성은 밝을수록 질량이 크기 때문에 우리는 항성이 모인 은하의 질량을 밝기를 이용해 측정할 수 있고, 은하가 모인 은하단에도 역시 같은 방법을 사용할 수 있습니다. 이를 '광도 질량'이라고 합니다.

문제는 이렇게 측정한 질량에 따른 중력으로 은하단을 구성하는 실제 은하들의 움직임을 설명할 수 없다는 겁니다. 광도 질량에 따른 중력으로는 가능하지 않은, 지나치게 너무 멀리 떨어져 있는 은하까지 붙잡혀서 빠른 속도로 궤도를 돌고 있는 거죠. 그렇게 먼 거리의 은하까지 붙잡아두려면 실제 중력은 광도로 측정한 질량보다 훨씬 더 커야 하니까요. 좀 무서울 수도 있지만 이렇게 비유해볼까요? 눈으로 볼 때는 대충 60kg 내외의 몸무게인 세 사람이 함께 저울에 올라갔더니 저울 바늘이 900kg 넘는 지점을 가리키는 겁니다. 누굴까요? 보이지는 않는데 함께 저울에 올라간 존재는? 우리는 이 존재를 보이지 않는다고 해서 '암흑물질'이라고 부릅니다.

지난 세기의 천재 물리학자 리처드 파인먼은 세상이 멸망하고 모든 지식을 잃어버린 인류에게 딱 한 마디만 전할 수 있다면 어떤 말을 해주고 싶냐는 질문을 받았을 때 이렇게 답했습니다.

900kg

"우주의 모든 물질은 원자로 이루어져 있다."

하지만 그가 암흑물질과 암흑에너지의 존재를 알았다면 이 말을 하지 않았을 겁니다. 이제 인류는 우주가 원자로만 이루어졌는지 확신할 수 없기 때문입니다.

암흑에너지는 글자 앞에 같은 '암흑'이라는 수식어가 붙었다고 해서 암흑물질과 혼동하는 사람이 많습니다. 하지만 우리가

리처드 파인만

그 실체를 모른다는 공통점만 제외하면 완전히 다른 개념입니다. 아인슈타인은 우주가 안정적인 균형을 이뤄 더 커지지도 작아지지도 않는 정적인 상태라고 믿었습니다. 하지만 자신이 발표한 일반상대성 이론은 우주가 중력으로 오그라들면서 궁극적으로는 한 점에 모여 빅 크런치Big Crunch, 즉 대수축이 발생한다는 계산 결과를 내놓습니다. 안타깝게도 아인슈타인 같은 세기의 천재도 우주의 크기가 일정하다는 고정관념을 버리지 못하고 일반상대성 이론 방정식에 중력에 대항하는 힘을 나타내는 우주 상수를 집어넣는 방식을 택하고 맙니다.

1929년 천문학자 허블은 우주가 팽창한다는 사실을 밝혀냅니다. 명확한 관측 결과에 아인슈타인 역시 이 사실을 받아들일 수밖에 없었고 자신의 방정식에서 우주 상수를 삭제했죠. 당연히 과학자들은 현재 우주가 팽창하고 있다면, 팽창의 시작점이 과거에 존재할 것이고, 팽창을 일으킨 원인이 있을 것이며, 우주에 무언가 증거가 남아 있지 않을까 하는 생각을 했습니다, 마침내 팽창의 시작점, 현재 우리가 빅뱅으로 알고 있는 시기에 뻗어 나갔던 빛들이 우주 공간 전체에 고르게 퍼져 있는 현상, 즉 우주 배경복사가 발견되면서 과학자들의 사고실험은 사실로 증명됩니다.

과학자들은 우주가 팽창하고 있지만 천체의 중력에 의해 서서히 줄어들 것이라고 예측했습니다. 그런데 1990년대 들어 두

곳의 연구소가 각각 독립적으로 우주의 팽창 속도를 관측했고, 놀랍게도 두 연구소 모두 우주의 팽창 속도가 오히려 점점 더 빨라지고 있다는 결과를 발표합니다. 비유하자면 하늘로 던져 올린 야구공이 점점 더 빠르게 우주 공간으로 날아가는 이상한 현상인 거죠. 분명 중력보다 강한 어떤 힘이 존재한다는 증거인 셈입니다. 아인슈타인이 삭제했던 것보다 더 강력한 우주 상수가 다시 필요해진 거죠. 하지만 현재 과학자들은 그 힘의 근원이 뭔지, 왜 존재하는지, 도대체 그 정체를 알지 못합니다. 최근 연구에 따르면 우주 구성 물질 중 암흑에너지가 차지하는 비중이 68.3%나 된다는데 말입니다.

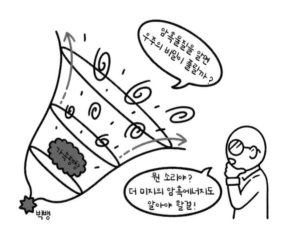

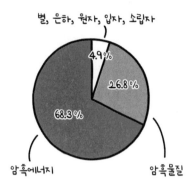

현재 우주의 구성

별, 은하, 원자, 입자, 소립자

4.9%

26.8%

68.3%

암흑에너지　　　　　　암흑물질

　더 근본적으로 궁금한 것도 많은데요. 간단하게만 나열해보겠습니다. 왜 우주의 곡률은 0에 가까울까요? 곡률이 0이라는 건 우주가 평평한 구조라는 건데, 그 이유와 관련한 이런저런 가설들이 있지만 아직 명확한 결론은 나오지 않았습니다. 또 앞에서도 다룬 적이 있는 시간의 화살 문제인데요. 다른 물리법칙과 달리 왜 엔트로피는 한 방향으로만 흐르는 걸까요? 공간은 모든 방향으로 움직일 수 있지만 왜 엔트로피는 증가하기만 하고 시간은 과거에서 미래로만 흐를까요?

③ 과학자들은 왜 나비에-스토크스 방정식을 어려워할까?

요즘 과학 유튜버들이 늘어나면서 여기저기서 자주 들리는 단어 중에 나비에-스토크스Navier-Stokes 방정식이라는 게 있더라고요. 공대생들이 가장 두려워하는 문제라고도 하던데요. 뭔지 알아두면 나중에 폼나게 써먹을 데가 있을 것 같은데…. 너무 문과생 같은 말일지 모르겠지만, 일단 이름이 멋있잖아요. 도대체 이 방정식은 뭐고, 왜 그렇게 어려워한답니까?

이름이 꽤 멋있긴 하네요. 이 방정식은 유체역학에 나오는데요. 세상의 모든 물질은 두 가지로 분류할 수 있습니다. 흐르지 않는 물질인 고체와 흐르는 물질인 유체인데요. 유체는 당연히 기체와 액체가 되겠죠. 강한 전기장으로 기체가 이온화된 플라스마도 유체에 해당합니다.

우리는 뉴턴 방정식으로 고체의 움직임은 계산할 수 있습니다. 관성의 법칙, 가속도의 법칙, 작용반작용의 법칙으로 말이죠. 양자들의 미시세계에서는 고전 역학으로 해결할 수 없는 현상들이 나타나긴 하지만 거시세계에서는 지구 위의 우리 주변부터 우주 천체의 움직임까지 뉴턴 방정식으로 훌륭하게 설명하고 예측할 수 있습니다.

하지만 유체의 움직임은 사정이 다릅니다. 유체는 일정한 경계가 없을뿐더러 작용하는 힘과 관련된 변수가 엄청나게 많은 카오스의 세계거든요. 분자 단위의 힘들이 영향력을 주고받으며 서로의 움직임에 간섭하기 때문에 단순히 뉴턴 방정식으로는 계산할 수가 없죠.

이렇듯 유체의 운동에 대해서 연구하는 유체역학의 역사는 오래됐습니다. 기원을 거슬러 올라가자면 아르키메데스가 목욕탕 수조의 물이 넘치는 것을 보면서 비중의 원리를 깨닫고 "유레카"를 외쳤던 시절까지 거슬러 올라갈 수 있겠죠.

그렇지만 유체역학도 기본적으로는 뉴턴 역학에 뿌리를 두고 있습니다. 베르누이, 오일러 등이 유체역학을 발전시켰고 프랑스의 천재 공학자 클로드 루이 나비에가 유체의 끈끈한 정도, 즉 점성의 효과를 고려한 방정식을 만들어냅니다. 다만 수학적 완성도가 부족하다는 아쉬움이 있었습니다. 하지만 역사의 우연일까요, 필연일까요? 곧바로 영국에서 탄생한 천재 수학자 조지

스토크스가 1850년 마침내 현재 나비에-스토크스 방정식이라
고 불리는 마법의 수식을 완성합니다.

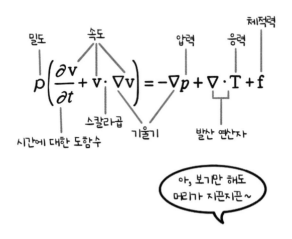

나비에-스토크스 방정식이 현대 인류에게 주는 혜택은 일일
이 다 열거하기도 힘듭니다. 날씨나 해류의 예측, 비행기나 자동
차 주변을 흐르는 기체 흐름, 상수관이나 하수관 속 물의 흐름,
혈관 내 피의 흐름, 오염 물질의 확산 경로, 심지어 컴퓨터그래
픽에서 거대한 파도나 눈사태 같은 움직임을 구현한다거나 우
주 공간에서 가스층의 움직임을 연구하는 데도 사용합니다.

나비에-스토크스 방정식은 3차원(또는 시간을 포함한 4차원 시공
간)상에 해解가 항상 존재하는지, 존재한다면 해를 어떻게 구하
는지, 특이점은 없는지, 해가 연속적으로 존재하는지 등에 관해

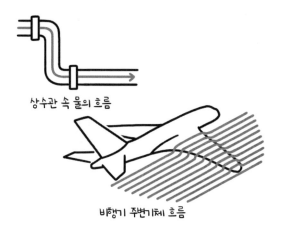

상수관 속 물의 흐름

비행기 주변기체 흐름

나비에-스토크스 방정식의 이용

지금까지도 증명되지 않았습니다.

형태가 있는 물체가 서로 힘을 주고받는 영향을 계산하면 되는 고전 역학과 달리, 유체역학은 단순하게 물통 안에 담긴 물의 움직임을 계산한다고 하더라도 셀 수 없이 많은 물 분자 하나하나가 서로 영향을 주고받기 때문에 계산량이 엄청나게 많아지거든요. 그리고 그 유체가 물인지, 기름인지에 따라, 점성이 얼마나 찐득한지 아닌지에 따라서도 대단히 큰 영향을 미치기 때문에 완전 뒤죽박죽 복잡해집니다.

그래서 방정식 자체만 보면 쉽게 풀 수 있을 것처럼 느껴지는데 해가 안 나오다 보니까 현재 7대 밀레니엄 난제로 선정돼서, 이 방정식을 증명하는 사람에게는 상금만 100만 달러가 걸려 있습니다. 당연히 노벨상부터 필즈상 등 과학과 수학 관련 모든 상도 다 휩쓸겠지요.

100만 달러 상금이 걸린 7대 밀레니엄 난제

현재는 컴퓨터가 너무 똑똑해지다 보니까 나비에-스토크스 방정식의 해를 근사치로 계산해서 활용하고는 있습니다. 천문학자인 제가 이 이야기를 하는 이유는 우주를 보면 별이 모이고 은하가 만들어지고 하는 건 중력 같은 고전 역학을 통해 계산하거든요. 그런데 예를 들어 목성같이 아름다운 가스 구름 띠를 만들고 퍼져 나가는 움직임은 유체역학을 활용하기 때문입니다. 우주의 건축가가 고전 역학이라면, 우주의 디자이너는 유체역학이라고 할 수 있죠.

④ 물리학자가 태양계를 걱정하는 이유는 뭘까?

우주에서는 우리가 상상하기도 힘든 무시무시한 일들이 벌어지잖아요. 별이 서로 충돌하고, 폭발하고, 무시무시한 중성자별이 탄생하고, 블랙홀로 빨려 들어가고…. 그렇다면 인류가 사는 태양계는 과연 위험하지 않을까 하는 생각을 해본 적이 있는데, 과학자들도 당연히 저 같은 생각을 해봤겠지요?

물론입니다. 태양계의 안정성에 관한 연구는 뉴턴의 시대부터 시작되었습니다. 고전 역학을 이용해 천체의 움직임을 계산할 수 있게 되었으니까요. 과학자들은 과거에 알지 못하던 도구를 발견하면 곧바로 주변 모든 것에 적용하고 검증해보고 싶어 하죠. 그래서 고전 역학으로 천체의 움직임을 따져봤더니 태양계의 구조가 안정적이지 않다는 계산 결과가 나왔습니다. 태양을 중심으로 행성들이 자전과 공전을 반복하며 각자의 궤도를 돌고 있는 현재의 구조가 언제든 무너질 수도 있다는 거죠. 사실 당시의 천체 관측 기술 수준과 계산 능력을 감안하면 정확한 연구 결과를 기대하기는 힘들겠지만 말이죠.

중요한 건 상당한 수준으로 발달한 현대의 과학 기술로 계산하더라도 태양계의 구조가 앞으로 안정적으로 유지될지 확인할 수 없다는 겁니다. 태양에서 가장 가까운 궤도를 도는 수성의 위치가 지금과 몇 미터만 달라져도 시간이 흘러 태양과 충돌할 수도 있고, 수성의 궤도 변화가 화성의 궤도 변화를 야기하고 이 영향으로 금성이 지구와 충돌하는 시나리오도 나올 수 있습니다.

사실 수학적 계산을 통해 태양계를 구성하는 천체의 움직임을 정밀하게 예측한다는 건 지금 과학 수준으로도 쉬운 문제는 아닙니다. 우주 공간은 서로에게 영향을 미치면서 힘을 주고받는 상호작용이 너무 많아서 삼체를 넘어선 다체 문제N-body Problem 의 영역이거든요.

우리 은하의 지름은 대략 10만 광년입니다. 중심부에는 거대한 질량의 블랙홀이 자리 잡고 있고, 강한 중력으로 시공간마저 왜곡하고 있습니다. 태양 역시 그 중력에 붙잡혀 초속 200km가 넘는 속도로 은하의 중심부를 공전하고 있습니다.

만약 머릿속에서 태양계를 떠올릴 때 태양을 중심으로 수성, 금성, 지구, 화성, 목성, 토성, 천왕성, 해왕성 등의 행성이 예쁘

게 돌고 있는 이미지가 보인다면 이는 현실과는 동떨어진 상상일 뿐입니다. 아마 실제로 태양계의 전체 움직임을 목격할 수 있다면, 맹렬한 속도로 은하의 중심부를 도는 태양의 주변에서 조그만 덩치에도 불구하고 낙오하지 않고 열심히 쫓아가는 행성들을 보면서 마음이 조마조마해질 겁니다. 그렇게 바쁜 와중에도 지구가 자전과 공전이라는 자기 할 일을 하면서 낮과 밤을 만들고 우리에게 사계절을 선물한다는 걸 생각하면 기특한 마음마저 듭니다.

아주아주 먼 미래에 태양계가 어떻게 될지는 우리가 알고 있습니다. 인류는 그동안 오랜 기간 천문 관측을 통해 태양과 같은 항성들의 탄생과 생애 주기를 연구해왔으니까요. 태양은 수

십억 년 후에 적색 거성이 되어 가까운 행성들을 집어삼킬 겁니다. 지구는 그 이전에 이미 생명이 살 수 없는 가혹한 환경으로 변해 있겠죠. 태양은 다시 오랜 기간에 걸쳐 질량을 우주로 방출하면서 백색 왜성으로 변해갑니다. 힘을 잃은 태양의 주변에서 먼 곳에 있는 행성들부터 차례대로 우주의 심연 속으로 떨어져 나가겠죠. 그리고 또다시 수백억 년의 세월이 겹쳐 흐르다 보면 결국 태양계 존재 자체가 사라질 겁니다. 바라건대, 인류의 후손은 우주 어딘가에 있을 새로운 삶의 터전에서 태양계의 종말을 애도하고 있었으면 좋겠네요.

50억 년 후 태양이 지구를 꿀꺽~

⑤ 과학자들은 왜 아직도 얼음이 미끄러운 이유를 모를까?

얼음이 미끄러운 건 당연한 거 아닌가요? 표면이 매끄러운 데다가 물기까지 있잖아요. 정말 과학자들은 별게 다 궁금하군요. 그보다 현대 과학으로도 그 이유를 모른다는 건 좀 더 놀랍네요.

얼음이 미끄러운 건 마치 불이 뜨거운 것처럼 모두가 당연하게 받아들이는 사실인데요. 막상 그 이유를 과학적으로 따져보면 명확한 이유를 설명하기가 쉽지 않습니다. 처음에는 얼음 표면이 매끈해서 마찰력이 적기 때문일 거라고 생각했습니다. 하지만 그렇다면 대리석이나 유리 재질로 된 바닥 역시 얼음만큼 미끄러워야 하는데 그렇지 않거든요. 스케이트를 신고 달릴 수도 없고요.

얼음은 왜 미끄러울까?

1800년대 과학자들은 '압력 녹음'이라는 현상으로 얼음이 미끄러운 이유를 설명했습니다. 사람이 얼음 위에 올라서서 압력을 가하면 녹는점Melting point이 낮아져 표면에 물이 생기고, 그래서 미끄럽다는 겁니다. 이를 확인하는 실험은 간단한데, 양 끝에 무게추를 매단 실을 얼음덩어리 위에 걸쳐놓으면 됩니다. 실의 압력을 받은 부분은 녹는점이 낮아져 녹기 시작하고, 실이 얼음 속으로 파고듭니다. 실이 통과하는 과정에서 녹았던 틈은 압력이 사라져 다시 얼어붙어서 마치 실이 마술처럼 얼음을 통과한 것 같은 효과가 나타납니다.

하지만 얼음이 미끄러운 이유를 이렇게 설명하는 주장은 아주 쉽게 반박됐습니다. 압력이 가해지더라도 녹는점의 변화가 생각보다 미미했던 거죠. 몸무게가 대략 70kg 정도 나가는 사람이 날카로운 날을 가진 스케이트를 타더라도 얼음의 녹는점은 0.02℃가 채 내려가지 않습니다. 그러니까 몸무게가 가벼운 아이나 동물도 얼음 위에서 미끄러지는데 그 이유를 설명하지 못하는 거죠.

그다음에는 '마찰 녹음'이 원인이라는 주장이 나왔습니다. 사람이 얼음 위에서 움직이면 신발과 얼음 표면 사이에 마찰력이 생기고 이때 발생한 열이 얼음 표면을 녹여 물이 생긴다는 이야기죠. 하지만 이 주장은 더 간단히 반박됐습니다. 모두 알다시피 얼음 위에서는 움직이지 않고 가만히 서 있어도 아차 하면 넘어질 정도로 미끄럽거든요.

분자나 원자에 관한 지식이나 기술이 발전한 현대에 접어들어 이루어진 실험에서는 압력이나 마찰력과 관계없이 아주 낮은 온도에서도 얼음 표면에는 물 분자들이 움직일 수 있는 얇은 층을 이루고 있다는 사실을 발견했습니다. 엑스레이를 찍거나, 얼음 표면에 전자를 충돌시킨 뒤 어떻게 튕겨 나가는지를 관측하는 방법을 사용했죠.

예를 들어 전자를 얼음 표면에 충돌시켰더니 영하 148℃까지는 고체인 얼음이 아니라 액체와 충돌하는 듯한 반응을 보였습니다. 연구자들은 온도가 물이 어는점 이하이더라도 얼음의 분자 구조가 원인이 되어 기체와의 접촉면인 표면에서는 분자들이 움직일 수 있는, 마치 물과 비슷한 유동층을 이룬다고 설명합니다.

하지만 이마저도 얼음이 미끄러운 이유를 충분하게 설명하지 못한다는 지적을 받고 있습니다. 사실 생각해보면 간단히 반박할 수 있죠. 대리석이나 유리 표면에 물을 뿌리면 더 미끄럽긴 하지만 얼음과는 비교하기 어렵죠. 그러니까 매끈한 표면과 그 위에서 얇은 층을 이루는 물만으로는 얼음이 미끄러운 이유를 완벽하게 설명할 수 없습니다. 최근에는 얼음 표면에 형성되는 물이 마치 기름처럼 우리가 아는 일반적인 물보다 점도가 더 높다는 주장도 나왔지만 아직 확실하게 밝혀지지는 않았습니다.

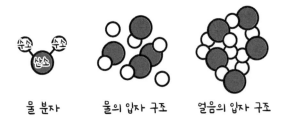

물 분자   물의 입자 구조   얼음의 입자 구조

과학자들은 매사를 그저 당연하다고 여기지 않습니다. 뉴턴이 사과가 떨어지는 것을 보고 중력의 법칙을 발견했다는 에피소드는 사실 여부를 떠나서 일상을 대하는 과학자들의 사고방식을 잘 보여주죠. 우리 주변에서 흔히 일어나는 현상이더라도 검증을 통해서 그 원리를 이해하려는 자세가 중요합니다. 현대의 과학 문명도 근본적으로는 그런 자세에서부터 출발했으니까요.

6 18세기 괴짜 과학자는 지구의 무게를 어떻게 측정했을까?

과학은 실험이 기본을 이루잖아요. 어떤 가설을 세우고 실험을 통해 검증하면서 과학이 발전한다고 말할 수 있을 것 같은데, 역사적으로 유명한 실험에 관한 이야기를 듣고 싶습니다.

뉴턴의 중력 방정식($F = Gmm'/r^2$)에는 알파벳 G라고 적는 숫자가 있습니다. 중력 상수라는 굉장히 작은 값인데요. 우주에 존재하는 네 가지 기본적인 힘 중에서 중력이 가장 약하기 때문입니다.

네 가지 힘에는 원자핵과 전자가 존재할 수 있게 해주는 강한 핵력과 약한 핵력, 전하를 띤 입자들끼리 끌어당기거나 밀어내는 전자기력, 그리고 질량을 갖는 물체가 서로 끌어당기는 중력이 있어요. 이 중 중력이 가장 약합니다. 그래서 우리가 조금만 힘을 쓰면 지구의 중력을 이겨내고 무거운 물건을 척척 들어서 옮길 수 있죠.

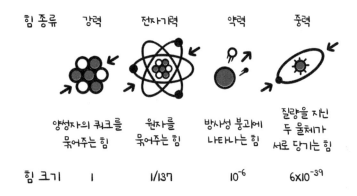

우주에 존재하는 네 가지 기본적인 힘

힘 종류	강력	전자기력	약력	중력
	양성자의 쿼크를 묶어주는 힘	원자를 묶어주는 힘	방사성 붕괴에 나타나는 힘	질량을 지닌 두 물체가 서로 당기는 힘
힘 크기	1	1/137	10^{-6}	6×10^{-39}

중력이 전자기력과 비교해서 얼마나 약한지를 살펴보면, 우선 두 가지 힘 모두 거리의 제곱에 반비례하고, 전하 또는 질량에 비례하는 방식으로 힘이 작용합니다. 여기에 전자기력과 중력의 세기를 나타내는 각각의 상수를 곱해서 정확한 값을 구하는데요. 전자기력의 세기를 나타내는 쿨롱 상수가 중력의 세기를 나타내는 중력 상수보다 무려 10^{36}배나 됩니다. 중력 상수가 얼마나 작은 값인지 짐작할 수 있죠.

무려 18세기에 이 정밀한 값을 측정한 헨리 캐번디시Henry Cavendish 라는 괴짜 과학자가 있었습니다. 영국 데본셔 공작 가문 출신으로 막대한 유산을 물려받아 역사상 가장 부유했던 과학자가 아니었을까 싶은데요. 성격까지 독특해서 사람을 만나는 것 자체를 무척 꺼렸다고 합니다. 특히 여성 앞에서는 수줍음을 몹시 타서 하녀와 만나지 않기 위해 원하는 식사 메뉴를 종이에 적어 테이블 위에 올려놓을 정도였죠.

그는 평생 과학 연구에만 매달렸는데 옴의 법칙이나 쿨롱의 법칙을 옴이나 쿨롱보다 수십 년 먼저 알아내고서도 발표하지 않은 채 서랍 속에 보관만 하다가 나중에서야 발견됐죠. 두 가지 법칙 중 하나만 알아냈더라도 지금이라면 노벨상을 받고도 남을 만큼 엄청난 공로를 인정받았을 텐데 말입니다. 그 외에도 인류 최초로 수소를 발견했고 물이 수소와 산소의 결합물이라는 화학적 성질 역시 알아냈으니, 그야말로 천재였습니다.

캐번디시는 존 미첼이라는 다른 과학자가 발명한 비틀림 저울을 개량해서 중력을 측정할 수 있는 실험장치를 만들었는데요. 문제는 중력 상수의 값을 얻기 위해서는 아주 미세한 힘을 측정해야 하므로 굉장히 정밀하고 섬세하게 실험해야 하거든요. 지금 저보고 하라고 해도 사실 엄두가 나지 않습니다. 예를 들어 공에 남아 있는 전하량이 전혀 없어야 하거든요. 전하가 조금이라도 있으면 전자기력의 효과가 중력 효과를 압도해버릴 테니까요. 아마도 편집증 환자처럼 반복해서 수행했을 거라고 추정됩니다. 실제로도 안정적인 실험을 위해 벽 두께가 60cm에

헨리 캐번디시

가스를 추출하는 캐번디시의 실험
ⒸPublic domain(Wikimedia commons)

달하는 헛간을 따로 지었다고 알려져 있습니다. 그가 측정한 값
이 얼마나 정확했는지 이후 100여 년간 바뀌지 않았고 최근의
측정 결과와도 큰 차이가 없습니다.

오해를 막기 위해서 한마디 덧붙이자면, 중력은 우주를 구성하는 기본적인 힘 중에서 가장 약하기는 하지만 또 우주를 지배하는 가장 강력한 힘이기도 합니다. 중력은 강한 핵력이나 약한 핵력처럼 원자핵 크기 정도의 거리에서만 작용하는 것이 아니어서 아주 먼 거리까지도 그 영향을 미칩니다. 한편 전자기력은 미는 힘과 끄는 힘이 공존해서 서로 상쇄하지만 중력은 끄는 힘만 있어서 물질의 양이 늘어나면 계속 더해져서 그 크기가 점점 커집니다. 질량이 늘어나면 늘어날수록 중력은 한없이 커지는 거죠. 그래서 우주의 천체처럼 어마어마한 질량을 갖는다면 그 중력은 시공간을 왜곡할 정도로 강력해집니다. 천문학자들이 천체의 움직임을 계산할 때 오직 중력만 생각해도 되는 이유이기도 하죠.

7 다가오는 메타버스 세상, 과학자는 무엇을 걱정할까?

과학자들은 우리가 살아갈 미래 사회를 근본적으로 바꿔놓을 혁신 기술이 어떤 내용이고 어떻게 발달할지 가장 잘 이해하고 있을 것 같은데, 그래서 이런 건 좀 문제가 될 수 있겠구나 하고 걱정하는 부분이 있을까요?

'디지털 문화 측면에서 세대 간 인식 차이가 클 수도 있겠구나' 하고 생각했던 사건이 하나 떠오릅니다. 바로 이세돌과 알파고AlphaGo 간의 바둑 대국 이슈였습니다. 사실 제가 바둑이 얼마나 위대한 보드게임인지 잘 알지 못했기 때문일 수도 있지만, 알파고라는 인공지능과 이세돌 선수가 대결한다는 소식을 듣자마자 저를 포함해 젊은 세대에서는 '당연히 알파고가 이기겠지'라고 생각했거든요. 그런데 놀랍게도 주변의 대부분 기성세대는 '당연히 이세돌이 이기겠지'라고 생각하시는 거예요. 그때 실제 대국 결과를 떠나서 인공지능을 바라보는 관점이 세대에 따라 다를 수도 있겠다고 생각한 적이 있습니다.

같은 맥락에서 메타버스, 즉 인공지능으로 구현한 가상현실이 정말 우리가 살아가는 현실 세계와 구분하기 힘들 정도로 진짜같이 느껴지기 시작한다면 젊은 세대는 너무 쉽게 빠져들어서, 결국 우리 인류를 피폐하게 만드는 요인이 될 수도 있겠구나 하는 걱정이 생깁니다.

메타버스Metaverse는 '초월한, 더 높은'이라는 뜻의 메타와 세계라는 뜻의 '유니버스'가 합쳐진 말인데요. 1992년에 출간된 닐 스티븐슨의 디스토피아 공상과학 소설 『스노 크래시』에서 처음 등장한 용어죠. 메타버스가 무엇인지를 정의하는 버전은 다양한데, 일반적으로 자신을 대리하는 가상 세계 속의 아바타가 현실처럼 업무를 처리하고, 휴식을 취하고, 경제생활을 하는 4차원 디지털 가상 세계를 말합니다.

메타버스 용어가 처음으로 등장한 닐 스티븐슨의 공상 과학 소설.

기성세대는 아날로그 세상이 당연하다고 여기면서 살다가 디지털 변환기를 몸으로 겪은 분들이잖아요. 그래서 디지털 기술이 정교해지면서 실제 같은 가상 세계가 펼쳐지더라도 어느 정도 현실과의 경계를 세우고 지나치게 빠져들지 않을 수 있다고 생각합니다. 하지만 문제는 소위 디지털 네이티브 세대인데요, 저 같은 경우만 해도 어릴 때부터 이런저런 디지털 문화의 세례를 받았고 가상 세계 속의 캐릭터나 소통 방식 같은 것을 당연하다고 여기며 살아온 세대거든요. 사실 현재는 게임이나 SNS

에서 만나는 가상현실이 엄청 사실적이거나 하지는 않아서 심각하게 빠져드는 사람이 많지는 않습니다. 하지만 애플이나 메타 같은 IT 대기업에서 계속해서 연구하는 신기술이나 실제 출시하는 신제품들을 보면 정말 현실처럼 느껴지는 가상현실이 우리 눈앞에 펼쳐질 날이 머지않은 것 같거든요.

궁극적인 메타버스 플랫폼이 완성되었다고 가정하면, 사람들은 원하든 원치 않든 어쩔 수 없이 경제생활부터 여가를 즐기는 것까지 디지털 가상 세계에서 모두 해결해야 할 수도 있습니다. 저나 저보다 어린 디지털 세대는 정말 아무런 저항감 없이 그런 세상에 빠져들겠지요. 만약 젊은 세대들이 갑갑한 현실을 부정하면서 이런저런 선택을 마음대로 할 수 있고, 자유도가 훨씬 높은 가상 대안 현실을 더 추종하게 된다면, 그리고 그런 사람들이 정말 이 사회의 절반 이상을 차지하게 된다면, 우리의 삶은 어떻게 달라질까요? 그런 상상을 하다 보면 사실 좀 걱정이 됩니다.

⑧ 핵 과학자는 왜 백두산을 걱정할까?

———————————————————————————— +

백두산은 우리와 가깝잖아요. 얼마 전에 백두산이 2025년에 폭발한다는 글을 본 적이 있어요. 굉장히 그럴듯하더라고요. 물론 곧바로 근거가 희박한 주장이라는 뉴스가 나와서 걱정을 덜었지만 여전히 꺼림칙한 건 사실입니다.

과거 기록을 보면 백두산은 실제로 1,000년에 한 번씩 대폭발을 일으켰습니다. 아마 학교에서 한라산은 이미 화산 활동을 멈춘 사화산이고, 백두산은 화산 활동을 쉬고 있는 휴화산이라고 배운 사람이 많을 겁니다. 지금은 그 구분이 크게 의미가 없다는 의견이 지질학계의 주류를 이룹니다. 폭발할 가능성이 없다고 판단해 사화산으로 분류됐던 화산이 폭발한 사례가 적지 않거든요. 그래서 마그마 층이 발견되고 1만 년 이내에 분

화한 적이 있는 화산은 모두 활화산으로 보자고 지질학적으로
기준을 바꾸었죠.

백두산은 946년에, 그러니까 고려 시대였겠죠. 대폭발을 일으
킵니다. 기원후 1,000년에 가까운 세기 말에 터져서 '천년분화'
라고도 불리죠. 인류 역사를 통틀어 손가락에 꼽힐 정도로 강력
한 폭발을 일으켜서 일본 삿포로까지 화산재가 쌓일 정도였으
니까요. 분출물의 규모가 엄청나서 남한 국토에만 쌓는다면 전
체 면적의 해발고도를 1m 높일 수 있을 정도라고 합니다. 그 뒤
로도 백두산은 100년에 한두 번씩 폭발이 이어졌습니다. 명백
한 활화산인 거죠. 특히 잊지 말아야 할 점은 900년대의 대분화
이후 지금 1,000년이 넘었잖아요. 1,000년 주기설에 따르면 지

금은 사실 때를 넘긴 겁니다. 언제 대폭발을 일으켜도 이상할 것이 없는 상태로 봐야 합니다.

그런데 백두산에 제가 관심을 갖는 이유는 따로 있습니다. 백두산을 따라 북한 내륙으로 이어진 산맥을 따라가다 보면 그리 멀지 않은 곳에 만탑산이 나옵니다. 사실 114km밖에 떨어져 있지 않아요. 함경북도 길주군 풍계리에 있는 산인데, 북한 핵실험장으로 유명한 곳이죠. 산 전체가 화강암으로 이루어졌는데 멀리서 보면 탑이 무수히 늘어선 것처럼 보여 만탑산이라고 부른다고 합니다. 북한 정권이 이곳을 핵실험장으로 택한 이유도 단단한 화강암 재질로 이루어진 산이라서 그랬겠죠. 그렇더라도

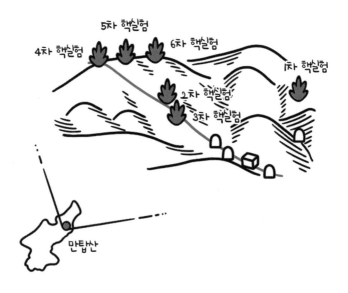

북한이 6차 핵실험을 했을 때는 산 전체가 한 번 들썩했을 겁니다. 히로시마에서 터졌던 원자폭탄보다 대여섯 배나 강력했던 폭발로 규모 5.6의 강력한 인공지진이 발생했고 이후 여진도 여러 번 이어졌으니까요.

　백두산 땅 밑에는 서너 개의 마그마방Magma Chamber이 있는 것으로 확인됐는데 북한 핵실험이 임계치를 건드리는 방아쇠 역할을 할 수도 있죠. 지금까지는 괜찮았지만, 앞으로도 괜찮을 거라고 마냥 안심할 수는 없겠죠. 앞서 실행됐던 6번의 핵실험으로 지금 지하 깊은 곳에서 어떤 역학이 진행되고 있을지 모르니까요. 더구나 앞으로 규모가 더 큰 핵실험을 북한이 감행한다면 저 같은 핵공학자의 처지에서는 대단히 걱정스럽죠.

백두산 아래 마그마방

　특히 백두산 천지는 해발고도 2,000m가 넘는 곳에 있는 전 세계에서도 찾아보기 힘든 칼데라 호수입니다. 둘레가 14km가

넘고 깊이는 거의 400m에 달하는 곳도 있죠. 백두산 천지보다는 크기가 훨씬 작지만, 아프리카 카메룬에도 화산 분화구에 고여 있는 니오스 호수가 있습니다, 그런데 1986년 8월 니오스 호수 주변에 거주하던 1,700여 명 이상이 이유도 없이 사망하는 사건이 발생했습니다. 이들이 기르던 수천 마리의 가축도 모두 몰살당했고요. 근방의 모든 생명체가 살아남지 못한 거죠. 원인을 조사하던 끝에 호수 밑바닥에서 분출된 이산화탄소가 주변 일대를 뒤덮으면서 생명체들을 질식사시킨 것이라는 사실이 밝혀졌습니다.

현재 일부 과학자들은 백두산 천지에서도 같은 현상이 발생할 수 있다고 우려합니다. 천지 밑바닥에서 작은 규모의 화산 분출이 있더라도 니오스 호수보다 훨씬 규모가 큰 재난이 발생할 수 있다는 거죠. 현실상 북한 정권은 이런 위험에 대비할 능력이 부족한 것 같은데요. 우리나라가 솔선수범해서 백두산 화산 관련 연구와 재난 대비책을 강구하는 데 신경을 써야 할 것으로 보입니다.

9 물리학자가 생각하는 우주의 가장 큰 신비는 뭘까?

저는 과학을 잘 모르는 일반인이지만 우주의 크기에 대해 들을 때면 놀랄 때가 많습니다. 우리가 속한 태양계의 크기도 잘 가늠하기 힘든데, 은하나 은하단, 초은하단 같은 이야기를 들으면 상상조차 하기 힘들더라고요. 과학자의 관점에서 우주에서 이건 정말 신비롭다 하는 건 뭐가 있을까요?

물리학자들이 '미세 조정 우주'라고 부르는 문제가 있습니다. 우주가 현재와 같은 모습으로 존재하기 위해서는 기본적인 물리학 상수들이 극도로 좁은 범위 내의 값을 가져야 한다는 거죠. 예를 들어 우주에 존재하는 입자들은 각자 특성이 있습니다. 그런데 전자나 양성자의 질량 같은 기본적 특성이 지금 값에서 아주 조금만 달랐다면 현재 우리가 살아가는 우주가 아주 다른 모습이 됐을 겁니다. 별도 생성될 수 없고 당연히 지구라는 행성도 존재할 수 없고 생명은 탄생할 수 없었겠죠. 아주 조금만 바뀌어도 그런 결과로 이어지니까 미세하게 조정된 건 아닐까 하는 생각을 하는 거죠.

혹시 위대한 설계자가 있는 건 아닐까?

만약 우주에 존재하는 기본적인 네 가지 힘인 중력, 전자기력, 강력, 약력의 비율이 조금만 달랐더라면 어떻게 됐을까요? 모든 물질을 구성하는 원자가 안정적으로 존재할 수 없습니다. 그저 모든 물질이 균일하게 퍼져 있는 열죽음Heat Death 상태의 심심한 우주가 됐을 겁니다. 중력 상수가 지금보다 살짝만, 여기서 살짝 이라는 건 10의 −10승만큼의 상상도 할 수 없을 정도로 미세 하게 변하더라도 다른 힘들과 평형을 유지하면서 지금처럼 안 정적인 구조의 우주가 형성될 수 없는 거죠.

중력 상수가 지금보다 컸더라면 생명체가 탄생할 만큼의 시간적 여유도 없이 우주가 수축해버릴 수도 있고 중력 상수가 지금보다 더 작았다면 안정적인 천체 구조가 만들어질 틈도 없이 팽창해버려서 엔트로피가 극에 달해 우주 종말이 이미 왔을 수도 있습니다.

인류는 현대 물리학의 성과로 빅뱅이 일어난 순간부터 지금까지 우리 우주가 어떻게 발전해왔는지를 거의 정확하게 이해하고 있거든요. 그래서 까마득한 과거의 우주와 지금의 우주를 지배하는 물리법칙과 물리 상수가 같다는 사실 역시 알고 있습니다. 그런데도 이렇게 모든 물리 상수의 측정값이 정교하게 조화를 이루는 이유는 알지 못합니다. 이를 명확하게 설명해주는 물리학 이론이 나와 있는 것도 아니고요.

종교를 가진 사람들이 특히 이 미세 조정 우주론을 좋아합니다. '조정'이라는 단어가 어떤 절대자의 의도가 밑바탕에 깔린 것처럼 읽히니까요. 물리학자들은 멀티버스, 그러니까 우리 우주 외에도 무한에 가까운 수의 다른 우주가 존재하고, 인류는 우연히 기본 상수들의 값이 이렇게 정교하게 조화를 이루는 우주에 사는 건 아닐까 하는 가설을 제시하기도 합니다. 호주의 물리학자 브랜던 카터Brandon Carter는 이렇게 말했죠.

"우주를 구성하는 기본 조건들을 누군가 관측했다면, 그 관측된 값들은 관측을 수행한 지적생명체가 탄생하고 존재할 수 있는 수치들로 조정되어 있을 수밖에 없다. 이것은 논리적으로 자명하다. 그렇지 않다면 관측이 이루어질 수 없었을 테니까."

미국의 물리학자 빅터 스텡거Victor J. Stenger는 미세 조정 우주론을 종교의 관점에서 해석하는 사람들을 향해 "생명체가 오직 탄소에 기반한 유기체로만 탄생하고 존재할 수 있다는, 그 누구도 증명하지 못한 가설에 의지하는 무지"일 뿐이라고 혹평했습니다. 지금도 여전히 많은 과학자가 이 문제를 놓고 치열하게 논쟁을 벌이고 있습니다.

10 과학자도 신기한 물질이 있을까?

〈어벤져스Avengers〉(2012)라는 영화를 보면 비브라늄이라는 가상의 물질이 나옵니다. 어지간해서는 절대 부서지지 않는 최강의 금속이죠. 알고 보면 현실에서도 이렇게 신기한 물질이 많더라고요. 과학자들은 일반인보다 물질의 원리에 대해 더 잘 알잖아요? 최근에 좀 신기하다고 느낀 물질이 있습니까?

'반타블랙Vanta Black'이라는 색상 소재가 흥미롭더군요. 입사되는 빛의 99.965%를 흡수하는 물질입니다. 거의 모든 빛을 빨아들여 세상에서 가장 짙은 검은색이죠.

보통 우리가 색깔을 시각으로 느끼는 건 물체가 반사한 가시광선의 파장이 길거나 짧아서 발생하는 효과입니다. 인간의 망막은 가시광선의 파장을 감지하는 원추세포와 가시광선의 강도에 따른 명암을 감지하는 간상세포로 구성되어 있습니다. 원추세포는 세 가지 광수용체Photoreceptor 단백질로 빛의 3원색인 빨강, 초록, 파랑을 구분합니다. 망막으로 입사되는 빛의 파장이 가진 길이에 따라 각각의 세 가지 광수용체 단백질이 비타민 A의 도움으로 산화 반응을 일으킵니다. 이 산화 반응에 따라 생성된 전기 자극은 시신경을 따라 대뇌로 전해지고, 시각을 담당하는 대뇌의 피질이 이 정보를 분석해서 우리가 빛을 느끼고 사물을 볼 수 있는 거죠. 비타민 A가 눈 건강에 좋다고 이야기하는 이유입니다.

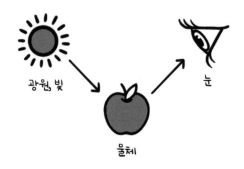

광원, 빛

물체

눈

물체가 보이는 원리

반타블랙이라는 소재는 영국의 나노테크 기업인 서리 나노시스템즈Surrey NanoSystems에서 탄소나노튜브를 이용해 개발한 소재입니다. 탄소나노튜브는 구리처럼 전기가 잘 흐르고 다이아몬

드처럼 열전도율이 높은 데다가 강도는 현재까지 인류가 발견한 모든 물질 중에서 가장 높습니다. 이미 항공기나 반도체 같은 분야에서 많이 쓰이고 있죠.

예를 들어 반타블랙을 입힌 전투기는 스텔스기가 되어 적군의 레이더에 잡히지 않습니다. 천체망원경 내부에 바르면 난반사로 인해 보이지 않았던 머나먼 천체를 관측할 수도 있습니다. 또 우주 개척을 위해 우주정거장까지 엘리베이터를 만들어 이동하자는 아이디어가 논의되고 있는데, 이때 탄소나노튜브가 그 소재로서 가장 강력한 후보로 거론되죠. 반타블랙은 바로 이 탄소나노튜브를 알루미늄 포일 같은 금속 박막 위에 수직으로 촘촘히 세운 구조인데요, 입사된 빛을 튜브와 튜브 사이에서 내부를 향해 끝없이 반사해서 대부분 흡수해버립니다.

인간은 빛 반사율이 85%를 넘어가면 흰색으로, 3%를 밑돌면 검은색으로 느끼는데, 일반적인 검은색은 모든 빛을 흡수하지는 않아서 질감이나 굴곡 정도는 알아볼 수 있죠. 반타블랙은 반사율이 0.035%대로 사실상 입사하는 빛을 거의 다 먹어치워 버리는 셈이죠. 그래서 우리는 반타블랙 소재가 입혀진 사물이 입체적인 모양을 가지고 있더라도 이를 전혀 인지하지 못하고 2차원 평면이나 마치 블랙홀 같은 구멍이 뚫린 것처럼 느낍니다. 비싸긴 하겠지만 만약 반타블랙 소재로 와이셔츠를 만든다면 다림질을 할 필요가 없을 겁니다.

너무 까매서
다림질할 필요가 없겠어.

반타블랙 소재가 이렇게 값비싸진 데는 인도 출신의 영국 예술가 아니쉬 카푸어Anish Kapoor라는 사람의 영향도 큽니다. 그는 거액을 투자해 반타블랙 개발 기업으로부터 예술 분야에서의 반타블랙 독점 사용권을 사들인 뒤 자신 외에는 사용하지 못하게 한 거죠. 이런 행위는 다른 많은 예술가의 분노를 불러일으켰고, 반타블랙을 대체할 수 있는 소재를 개발하려는 시도로 이어졌습니다.

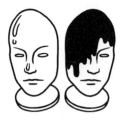

너무 검은색이어서
마치 구멍이 뚫린 것처럼 보인다.

독점 사용권이 있으니,
반타블랙은 나만 쓸 수 있어!

아니쉬 카푸어

2019년 미국 매사추세츠 공과대학의 연구진이 빛 흡수율이 99.995%로 반타블랙보다 더 높은 물질을 개발했습니다. 흥미로운 점은 이 물질이 다른 목적의 연구를 하다가 우연히 발견되었다는 것입니다. 연구진은 같은 대학에서 활동하는 유명 예술가 디무트 슈트레베와 협력해서 200만 달러 가치의 16.78캐럿 옐로 다이아몬드를 이 물질로 코팅해서 예술 작품으로 만들었습니다. 그리고 '리뎀션 오브 베너티Redemption of Vanity'라는 이름으로 공개했어요. 반타블랙과는 달리 다른 모든 예술가가 자유롭게 이 색상 소재를 사용할 수 있다고도 발표했습니다.

11 인류 역사상 가장 위대한 천재 과학자를 꼽으라면 누구일까?

인류는 때때로 고정관념에 휩싸여 자연의 진리를 깨닫지 못하고 제자리걸음만 하는 세월이 길어지기도 했습니다. 그럴 때면 어디선가 엄청난 천재가 나타나서 새로운 이론으로 돌파구를 만들어 과학의 발전을 이끌었잖아요. 과학의 역사를 살펴보면 뛰어난 천재들이 많은데요. 머릿속에 떠오르는 천재 과학자가 한두 명이 아니겠지만 굳이 1명을 꼽자면 누구일까요?

저는 아이작 뉴턴을 꼽겠습니다. 근대 과학이 뉴턴으로부터 출발했다는 건 모두가 인정할 겁니다. 뉴턴의 업적을 하나하나 설명하자면 책 몇 권으로도 부족하겠죠. 사실 뉴턴이 살았던 17세기까지만 해도 많은 사람이 과학보다는 신화와 마법을 믿던 시대였습니다. 인간이 사는 속세를 움직이는 법칙과 신들이 사는 하늘이나 우주를 움직이는 법칙은 다르다고 여겼죠.

그런데 뉴턴은 『자연철학의 수학적 원리(프린키피아)』라는 책에서 사과가 나뭇가지에서 땅으로 떨어지는 것이나 하늘에서 달이 떠오르고 지는 원리나 서로 같다고 설명했습니다. 수학으로 우리가 살아가는 세상을 포함한 우주 전체가 하나의 동일한 '법칙'으로 움직인다는 걸 증명한 거죠. 인간이 미지의 세계에 대한 두려움을 과학이라는 수단으로 해결할 수 있다는 걸 보여 준 겁니다. 더구나 과학을 수학이라는 언어로 풀어낸 건 가장 위대한 그의 업적입니다.

나무에서 사과가 떨어지는 것이나 하늘에서 달이 뜨고 지는 것이나 같은 원리구나!

아이작 뉴턴

제게 가장 인상적인 부분은, 뉴턴은 자신의 연구에 필요한 수학 정도는 거뜬히 만들어서 사용했다는 사실입니다. 논쟁은 있지만 미적분이라는 수학적 방법론을 최초로 만들어 사용한 사람이 바로 뉴턴입니다. 천체의 운동이나 낙하하는 물체의 움직임같이 연속적이고 지속적으로 변하는 속도를 정교하게 다룰 수 있는 수학적 방법이 바로 미적분인데, 뉴턴은 우주가 자신이 발견한 법칙에 따라 움직인다는 걸 증명하기 위해 미적분을 만들어낸 거죠.

인류의 역사를 바꿔놓은 뉴턴의 이런 연구 성과가 그의 독특한 성격 때문에 이 세상에 공개되지 못하고 영원히 묻혀버릴 수도 있었습니다. 뉴턴이 살던 17세기에는 혜성을 언제 출현할지 모르는 불길한 징조로 여겼습니다. 혜성이 나타나면 왕이 죽거나 가뭄, 홍수 같은 재앙이 발생한다고 믿었죠. 이때 에드먼드 핼리Edmond Halley라는 천문학자가 혜성은 일정한 공전 주기를 갖는 천체일 뿐이고, 언제 나타날지도 계산할 수 있다고 주장합니다. 실제로 1682년에 혜성이 나타나자 그는 76년 뒤인 1758년에 같은 혜성이 다시 나타날 거라고 예언했죠. 알 수 없는 시기에 갑자기 나타나 재앙을 알린다고 믿었던 혜성의 출현을 과학적으로, 그리고 수학적으로 예측한 거죠. 당시 사람들은 그렇게 먼 훗날의 일을 예언하는 핼리의 주장을 쉽게 받아들이지 못했을 겁니다.

그가 죽은 뒤로도 16년이라는 세월이 더 흐른 1758년이 되자 사람들은 두근대는 가슴으로 혜성을 기다렸습니다. 그동안 발전한 과학 지식과 수학적 계산 결과에 따르면 당연히 혜성이 나타나야겠지만 실제 눈으로 그 결과를 확인하는 건 감동의 크기가 다를 테니까요. 12월이 다가오고 크리스마스가 저물어갈 때 마침내 하늘에는 긴 꼬리로 아름다운 곡선을 그리며 혜성이 나타났습니다. 놀란 사람들은 그 혜성에 '핼리'라는 이름을 붙였습니다.

에드먼드 핼리가 혜성의 공전 주기를 계산할 수 있었던 것은 뉴턴의 도움이 결정적이었습니다. 그는 자신이 아무리 고민해도 해답을 얻지 못했던 문제를 들고 뉴턴을 찾아갔습니다.

"행성이 거리의 제곱에 반비례하는 힘으로 태양에 이끌려서 운동한다면 어떤 궤도를 그릴까?"

"타원."

질문을 듣자마자 뉴턴은 곧바로 대답할 수 있었습니다. 이미 20년 전인 20대에 계산을 해놓았기 때문이죠. 그는 고전 역학의 체계를 완성해놓고도 무려 20년이라는 세월 동안 묵혀놓기만 했던 거예요. 핼리는 이에 깊은 감명을 받아 연구 내용을 세상에 발표하자고 권유했고 마침내 세상의 빛을 볼 수 있게 되었습니다. 뉴턴이 45세가 되는 1687년에 근대 과학을 탄생시킨 명저 『자연철학의 수학적 원리』 초판이 출판되었습니다.

다른 일화도 떠오르는데요. 1696년 스위스의 수학자 요한 베르누이가 높은 곳의 한 점에서 낮은 곳의 한 점으로 중력에 의

해 내려갈 때 가장 짧은 시간이 걸리는 경로를 찾는 문제를 유럽 전체의 수학자들에게 공개적으로 제시하며 도전장을 내밀었습니다. 누가 미적분을 먼저 창시했느냐로 뉴턴과 다퉜던 대수학자 라이프니츠는 정답 제출 마감 시한을 몇 개월씩 연장해가며 정답을 찾아낸 데 반해 뉴턴은 오후에 문제를 듣고 다음 날 아침에 정답을 찾아냈다고 하죠.

더 재미있는 건 뉴턴이 답안을 제출하면서 자신의 이름을 숨기고 익명으로 보냅니다. 그런데 베르누이는 내용을 보자마자 "발톱 자국만 봐도 사자인 줄 알겠다"라고 말하면서 답안의 주인공이 뉴턴이라는 것을 바로 알았다고 합니다.

구독자들의 이런저런 궁금증 4

Q1

과학사를 살펴보면 과학자들끼리 치열하게 경쟁했던 결과가 과학의 혁신적인 발달을 가져오곤 했던데요. 그런 구체적인 사례를 알고 싶습니다.

-ru****8

과학의 역사에서 지동설과 천동설의 경쟁, 수성의 공전 궤도에서 관찰된 특이한 움직임이 미지의 행성 때문인지 아니면 일반상대성 이론의 결과인지에 대한 논쟁 등 정말 많은 사례가 있습니다.

과학에서 새로운 연구 결과가 발표되고 큰 관심을 끌면, 많은 과학자가 그 결과를 재확인하거나 반증하려고 노력합니다. 과학사에서 볼 수 있는 중요한 논쟁뿐만 아니라 과학계에 늘 벌어지고 있는 과정이죠. 우리나라에서 최근 큰 관심을 끈 상온 상압 초전도체 발견 주장 이후의 과정도 좋은 예입니다. 많은 재현 노력과 검증의 시간을 거치면서 어떤 과학의 이론과 주장은 합의에 이르러 과학자 사회에 받아들여지기도 하고, 어떤 주장은 반증되어서 철회되기도 하는 일이 매일같이 과학계에 벌어지고 있습니다.

Q2 세상의 이치를 설명하는 근본적인 차원에서 과학과 종교는 양립할 수 있는 걸까요?

-an****

저는 과학과 종교가 검증 가능한 구체적인 주장에 대해서는 양립하기 어렵다고 생각하는 입장입니다. 인간이 진화의 결과로 등장한 것인지, 아니면 어떤 존재가 한순간에 창조한 것인지는 과학의 방법론으로 살펴볼 수 있고, 둘 중 하나만이 진실이라고 생각해요. 하지만 종교의 어떤 주장은 과학의 영역에 놓이지 않는 것도 있습니다. 저는 과학과 종교 양쪽 모두가 좀 더 다른 쪽에 대해서 열린 마음을 갖기를 바랍니다. 과학의 합리성이라는 잣대로 살펴볼 수 있는 주장을 종교가 과도하게 고집하는 것도 바뀌었으면 좋겠고, 종교의 영역에 과학이 과도하게 개입하는 것도 문제라고 생각해요.

과학자로서 제가 가진 믿음은 있습니다. 과학과 종교 사이의 접경은 지금까지 늘 과학의 영역이 확장되는 쪽으로 이동했다는 것입니다.

Q3

일이 잘 안 풀리거나 새로운 일을 시작하려고 할 때 무당을 찾는 사람이 많은데요. 굿을 하기도 하고요. 과학자들은 무속신앙에 대해 어떻게 생각하나요?

-tw1****z

무속은 대표적인 비과학이라고 생각해요. 무속신앙은 믿는 사람들에게 마음의 평화를 줄 수 있는 심리적 효과 정도는 있을 수 있겠지만, 정화수 떠놓고 지성으로 매일 아침 빈다고 해서 공부 안 한 수험생이 합격할 리는 없다고 생각합니다. 무속과 같은 민간 신앙은 그 자체로 문화로서는 존중할 필요가 있지만 과학적 근거가 있다고는 생각하지 않습니다.

과학을 보다

초판   1쇄 발행 2023년 11월 17일
초판 12쇄 발행 2024년 12월 06일

지은이 | 김범준, 서균렬, 우주먼지(지웅배) 그리고 정영진
그림 | 어썸애니팀

펴낸이 | 정광성
펴낸곳 | 알파미디어
기획 | 어썸엔터테인먼트(정재훈, 김재석, 모양태, 강한범, 정윤수, 홍진수, 최은정)
편집 | 남은영
디자인 | 이창욱
출판등록 | 제2018-000063호
주소 | 05387 서울시 강동구 천호옛12길 18, 한빛빌딩 2층(성내동)
전화 | 02 487 2041
팩스 | 02 488 2040
ISBN | 979-11-91122-45-9 (03400)